绿色丝绸之路资源环境承载力国别评价与适应策略

乌兹别克斯坦
资源环境承载力评价与适应策略

贾绍凤　吕爱锋　李　鹏　等　著

科学出版社
北　京

内 容 简 介

本书由区域概况和人口分布着手，从人居环境适宜性评价与适宜性分区到社会经济发展适应性评价与适应性分级，从资源环境承载力分类评价与限制性分类再到资源环境承载力综合评价与警示性分级，建立了一整套由分类到综合的"适宜性分区-限制性分类-适应性分等-警示性分级"资源环境承载力评价技术方法体系。从国家到地区尺度，定量揭示了乌兹别克斯坦的资源环境适宜性与限制性及其地域特征，试图为促进人口与资源环境协调发展提供科学依据和决策支持。

本书可供从事水资源评价、水资源承载力评价的研究人员和管理人员参考，也可作为水资源管理、自然资源管理等专业方向的研究人员的参考书。

审图号：GS 京（2024）0656 号

图书在版编目（CIP）数据

乌兹别克斯坦资源环境承载力评价与适应策略 / 贾绍凤等著. —北京：科学出版社，2024.6

ISBN 978-7-03-075259-8

Ⅰ. ①乌… Ⅱ. ①贾… Ⅲ. ①自然资源-环境承载力-研究-乌兹别克 Ⅳ. ①X373.62

中国国家版本馆 CIP 数据核字（2023）第 050067 号

责任编辑：石　珺　张力群 / 责任校对：郝甜甜
责任印制：徐晓晨 / 封面设计：蓝正设计

科 学 出 版 社 出版

北京东黄城根北街 16 号
邮政编码：100717
http://www.sciencep.com

北京建宏印刷有限公司印刷
科学出版社发行　各地新华书店经销
*

2024 年 6 月第 一 版　开本：787×1092　1/16
2024 年 6 月第 一 次印刷　印张：12
字数：280 000

定价：152.00 元

（如有印装质量问题，我社负责调换）

"绿色丝绸之路资源环境承载力国别评价与适应策略"

编辑委员会

主　编　封志明

副主编　杨艳昭　甄　霖　杨小唤　贾绍凤　闫慧敏

编　委　（按姓氏汉语拼音排序）

蔡红艳　曹亚楠　付晶莹　何永涛　胡云锋

黄　翀　黄　麟　姜鲁光　李　鹏　吕爱锋

王礼茂　肖池伟　严家宝　游　珍

总　序

　　"绿色丝绸之路资源环境承载力国别评价与适应策略"是中国科学院 A 类战略性先导科技专项"泛第三极环境变化与绿色丝绸之路建设"之项目"绿色丝绸之路建设的科学评估与决策支持方案"的第二研究课题（课题编号 XDA20010200）。该课题旨在面向绿色丝绸之路建设的重大国家战略需求，科学认识共建"一带一路"国家资源环境承载力承载阈值与超载风险，定量揭示共建绿色丝绸之路国家水资源承载力、土地资源承载力和生态承载力及其国别差异，研究提出重要地区和重点国家的资源环境承载力适应策略与技术路径，为国家更好地落实"一带一路"倡议提供科学依据和决策支持。

　　"绿色丝绸之路资源环境承载力国别评价与适应策略"研究课题面向共建绿色丝绸之路国家需求，以资源环境承载力基础调查与数据集为基础，由人居环境自然适宜性评价与适宜性分区，到资源环境承载力分类评价与限制性分类，再到社会经济发展适宜性评价与适应性分等，最后集成到资源环境承载力综合评价与警示性分级，由系统集成到国别应用，递次完成共建绿色丝绸之路国家资源环境承载力国别评价与对比研究，以期为绿色丝绸之路建设提供科技支撑与决策支持。课题主要包括以下研究内容。

　　（1）子课题 1，水土资源承载力国别评价与适应策略。科学认识水土资源承载阈值与超载风险，定量揭示共建绿色丝绸之路国家水土资源承载力及其国别差异，研究提出重要地区和重点国家的水土资源承载力适应策略与增强路径。

　　（2）子课题 2，生态承载力国别评价与适应策略。科学认识生态承载阈值与超载风险，定量揭示共建绿色丝绸之路国家生态承载力及其国别差异，研究提出重要地区和重点国家的生态承载力谐适策略与提升路径。

　　（3）子课题 3，资源环境承载力综合评价与系统集成。科学认识资源环境承载力综合水平与超载风险，完成共建绿色丝绸之路国家资源环境承载力综合评价与国别报告；建立资源环境承载力评价系统集成平台，实现资源环境承载力评价的流程化和标准化。

　　课题主要创新点体现在以下 3 个方面。

　　（1）发展资源环境承载力评价的理论与方法：突破资源环境承载力从分类到综合的阈值界定与参数率定技术，科学认识共建绿色丝绸之路国家的资源环境承载力阈值及其超载风险，发展资源环境承载力分类评价与综合评价的技术方法。

　　（2）揭示资源环境承载力国别差异与适应策略：系统评价共建绿色丝绸之路国家资源环境承载力的适宜性和限制性，完成绿色丝绸之路资源环境承载力综合评价与国别报告，提出资源环境承载力重要廊道和重点国家资源环境承载力适应策略与政策建议。

　　（3）研发资源环境承载力综合评价与集成平台：突破资源环境承载力评价的数字化、空间化和可视化等关键技术，研发资源环境承载力分类评价与综合评价系统以及国别报告编制与更新系统，建立资源环境承载力综合评价与系统集成平台，实现资源环境承载力评价的规范化、数字化和系统化。

　　"绿色丝绸之路资源环境承载力国别评价与适应策略"课题研究成果集中反映在"绿色丝绸之路资源环境承载力国别评价与适应策略"系列专著中。专著主要包括《绿色丝绸之路：人居环境适宜性评价》《绿色丝绸之路：水资源承载力评价》《绿色丝绸之路：生态承载力评价》《绿色丝绸之路：土地资源承载力评价》《绿色丝绸之路：资源环境承载力综合评价与系统集成》等理论方法和《老挝资源环境承载力评价与适应策略》《孟加拉国资源环境承载力评价与适应策略》《尼泊尔资源环境承载力评价与适应策略》《哈萨克斯坦资源环境承载力评价与适应策略》《乌兹别克斯坦资源环境承载力评价与适应策略》《越南资源环境承载力评价与适应策略》等国别报告。基于课题研究成果，专著从资源环境承载力分类评价到综合评价，从水土资源到生态环境，从资源环境承载力评价理论到技术方法，从技术集成到系统研发，比较全面地阐释了资源环境承载力评价的理论与方法论，定量揭示了共建绿色丝绸之路国家的资源环境承载力及其国别差异。

　　希望"绿色丝绸之路资源环境承载力国别评价与适应策略"系列专著的出版能够对资源环境承载力研究的理论与方法论有所裨益，能够为国家和地区推动绿色丝绸之路建设提供科学依据和决策支持。

封志明

中国科学院地理科学与资源研究所

2020 年 10 月 31 日

前　言

本书是中国科学院"泛第三极环境变化与绿色丝绸之路建设"专项课题"绿色丝绸之路资源环境承载力国别评价与适应策略（课题编号 XDA20010200）"的主要研究成果和国别报告之一。

本书由区域概况和人口分布着手，从人居环境适宜性评价与适宜性分区到社会经济发展适应性评价与适应性分级；从资源环境承载力分类评价与限制性分类再到资源环境承载力综合评价与警示性分级，建立了一整套由分类到综合的"适宜性分区-限制性分类-适应性分等-警示性分级"资源环境承载力评价技术方法体系，由公里格网到国家和地区，定量揭示了乌兹别克斯坦的资源环境适宜性与限制性及其地域特征，试图为促进人口与资源环境协调发展提供科学依据和决策支持。

全书共 8 章约 28 万字。第 1 章"资源环境基础"，简要说明乌兹别克斯坦国家概况、地质地貌气候土壤等自然地理特征。第 2 章"人口与社会经济背景"，主要从乌兹别克斯坦人口发展出发讨论了人口数量、人口素质、人口结构与人口分布等问题。第 3 章"人居环境适宜性评价与适宜性分区"，从地形起伏度、温湿指数、水文指数、地被指数分类评价，到人居环境指数综合评价，完成了乌兹别克斯坦人居环境适宜性评价与适宜性分区。第 4 章"土地资源承载力评价与增强策略"，从食物生产到食物消费，从土地资源承载力到承载状态评价，提出了乌兹别克斯坦土地资源承载力存在问题与增强策略。第 5 章"水资源承载力评价与增强策略"，从水资源供给到水资源消耗，从水资源承载力到承载状态评价，提出了乌兹别克斯坦水资源承载力存在问题与调控策略。第 6 章"生态承载力评价与增强策略"，从生态系统供给到生态消耗，从生态承载力到承载状态评价，提出了乌兹别克斯坦生态承载力存在问题与谐适策略。第 7 章"资源环境承载力综合评价"，从人居环境适宜性评价与适宜性分区，到资源环境承载力分类评价与限制性分类，再到社会经济发展适应性评价与适应性分等，最后完成乌兹别克斯坦资源环境承载力综合评价，定量揭示了乌兹别克斯坦不同地区的资源环境超载风险与区域差异。第 8 章"资源环境承载力评价技术规范"，遵循"适宜性分区-限制性分类-适应性分等-警示性分级"的总体技术路线，从分类到综合提供了一整套资源环境承载力评价的技术体系方法。

本书由课题负责人封志明拟定大纲、组织编写，全书统稿、审定由贾绍凤和吕爱锋负责完成。各章执笔人如下：第 1 章，贾绍凤、严家宝、吕爱锋；第 2 章，游珍、陈依捷、尹旭；第 3 章，李鹏、杨茵；第 4 章，杨艳昭、宋欣哲；第 5 章，贾绍凤、严家宝、吕爱锋；第 6 章，甄霖、贾蒙蒙；第 7 章，封志明、叶俊志；第 8 章，杨艳昭、贾绍凤、甄霖、李鹏、游珍。读者有任何问题、意见和建议都可以反馈到 jiasf@igsnrr.ac.cn，我们会认真考虑、及时修正。

　　本书的撰写和出版，得到了课题承担单位中国科学院地理科学与资源研究所全额资助和大力支持，在此表示衷心感谢。我们要特别感谢课题组的诸位同仁，杨艳昭、贾绍凤、杨小唤、甄霖、刘高焕、闫慧敏、蔡红艳、黄翀、付晶莹、胡云锋等，没有大家的支持和帮助，我们就不可能出色地完成任务。我们也要感谢科学出版社的编辑，没有你们的大力支持和认真负责，我们就不可能及时出版这一专著。

　　最后，希望本书的出版，能够为"一带一路"倡议实施和绿色丝绸之路建设作出贡献，能够为引导乌兹别克斯坦的人口合理分布、促进乌兹别克斯坦的人口合理布局提供有益的决策支持和积极的政策参考。

作　者

2022 年 1 月 10 日

目　　录

第1章　资源环境基础 ··· 1

1.1　国家和区域 ··· 1

1.2　自然地理与资源环境 ··· 2

　　1.2.1　自然地理特征 ·· 2

　　1.2.2　资源环境特点 ·· 3

1.3　气象和气候 ··· 6

　　1.3.1　气候特征 ··· 6

　　1.3.2　气温特征 ··· 7

　　1.3.3　降水特征 ··· 7

1.4　本章小结 ··· 7

第2章　人口与社会经济背景 ·· 8

2.1　人口发展与分布 ··· 8

　　2.1.1　人口规模与增减变化 ······································ 8

　　2.1.2　人口结构与人口素质 ······································ 9

　　2.1.3　人口分布与集疏特征 ····································· 14

2.2　社会经济发展水平及适应性评价 ································· 18

　　2.2.1　人类发展水平评价 ·· 18

　　2.2.2　交通通达水平评价 ·· 26

　　2.2.3　城市化水平评价 ·· 30

　　2.2.4　社会经济发展水平综合评价 ···························· 34

2.3　问题与对策 ··· 38

　　2.3.1　关键问题 ·· 38

　　2.3.2　对策建议 ·· 39

2.4　本章小结 ··· 40

第3章　人居环境适宜性评价与适宜性分区 ···················· 41

3.1　地形起伏度与地形适宜性 ·· 41

　　3.1.1　地形起伏度 ··· 41

　　3.1.2　地形适宜性评价 ·· 42

3.2　温湿指数与气候适宜性 ·· 44

　　3.2.1　温湿指数 ·· 44

3.2.2　气候适宜性评价 ··· 45

3.3　水文指数与水文适宜性 ··· 47
   3.3.1　水文指数 ·· 47
   3.3.2　水文适宜性评价 ··· 48

3.4　地被指数与地被适宜性 ··· 50
   3.4.1　地被指数 ·· 50
   3.4.2　地被适宜性评价 ··· 51

3.5　人居环境适宜性综合评价与分区研究 ··· 53
   3.5.1　人居环境适宜性分区方法 ·· 54
   3.5.2　人居环境指数 ··· 54
   3.5.3　人居环境适宜性评价 ·· 55

3.6　本章小结 ··· 58

第4章　土地资源承载力评价与增强策略 ·· 60

4.1　土地资源利用及其变化 ··· 60
   4.1.1　土地利用现状 ··· 60
   4.1.2　土地利用变化 ··· 62

4.2　农业生产能力及其地域格局 ·· 64
   4.2.1　乌兹别克斯坦耕地资源分析 ·· 64
   4.2.2　乌兹别克斯坦土地生产能力分析 ··· 66
   4.2.3　乌兹别克斯坦农产品进出口分析 ··· 69
   4.2.4　分州粮食生产能力分析 ··· 70

4.3　食物消费结构与膳食营养水平 ·· 73
   4.3.1　乌兹别克斯坦居民食物消费结构 ··· 73
   4.3.2　乌兹别克斯坦居民膳食营养来源 ··· 74

4.4　土地资源承载力与承载状态 ·· 75
   4.4.1　基于人粮平衡的土地资源承载力评价 ······································ 75
   4.4.2　基于当量平衡的土地资源承载力评价 ······································ 76
   4.4.3　分州土地资源承载力及承载状态 ··· 78

4.5　土地资源承载力适应策略 ·· 84
   4.5.1　存在的问题 ··· 84
   4.5.2　提升策略与增强路径 ·· 85

4.6　本章小结 ··· 85

第5章　水资源承载力评价与增强策略 ··· 87

5.1　水资源基础及其供给能力 ·· 87
   5.1.1　河流水系与分区 ··· 87

5.1.2　水资源数量 ┈┈┈┈┈┈┈┈┈┈┈┈┈┈┈┈┈┈┈┈┈┈┈┈┈┈┈┈ 88

5.2　水资源开发利用及其消耗 ┈┈┈┈┈┈┈┈┈┈┈┈┈┈┈┈┈┈┈┈┈ 94

5.2.1　用水量 ┈┈┈┈┈┈┈┈┈┈┈┈┈┈┈┈┈┈┈┈┈┈┈┈┈┈┈┈┈┈ 95

5.2.2　用水水平 ┈┈┈┈┈┈┈┈┈┈┈┈┈┈┈┈┈┈┈┈┈┈┈┈┈┈┈┈┈ 98

5.2.3　水资源开发利用程度 ┈┈┈┈┈┈┈┈┈┈┈┈┈┈┈┈┈┈┈┈┈ 99

5.3　水资源承载力与承载状态 ┈┈┈┈┈┈┈┈┈┈┈┈┈┈┈┈┈┈┈┈┈ 100

5.4　未来情景与调控途径 ┈┈┈┈┈┈┈┈┈┈┈┈┈┈┈┈┈┈┈┈┈┈┈┈ 102

5.4.1　未来情景分析 ┈┈┈┈┈┈┈┈┈┈┈┈┈┈┈┈┈┈┈┈┈┈┈┈┈ 102

5.4.2　主要问题及调控途径 ┈┈┈┈┈┈┈┈┈┈┈┈┈┈┈┈┈┈┈┈┈ 102

5.5　本章小结 ┈┈┈┈┈┈┈┈┈┈┈┈┈┈┈┈┈┈┈┈┈┈┈┈┈┈┈┈┈┈┈ 104

第6章　生态承载力评价与增强策略 ┈┈┈┈┈┈┈┈┈┈┈┈┈┈┈┈┈┈┈┈ 106

6.1　生态供给的空间分布和变化 ┈┈┈┈┈┈┈┈┈┈┈┈┈┈┈┈┈┈┈ 106

6.1.1　生态供给的空间分布 ┈┈┈┈┈┈┈┈┈┈┈┈┈┈┈┈┈┈┈┈┈ 106

6.1.2　生态供给的变化动态 ┈┈┈┈┈┈┈┈┈┈┈┈┈┈┈┈┈┈┈┈┈ 113

6.2　生态消耗模式及变化 ┈┈┈┈┈┈┈┈┈┈┈┈┈┈┈┈┈┈┈┈┈┈┈┈ 116

6.2.1　生态消耗模式及演变 ┈┈┈┈┈┈┈┈┈┈┈┈┈┈┈┈┈┈┈┈┈ 116

6.2.2　各类生态系统年消耗量变化 ┈┈┈┈┈┈┈┈┈┈┈┈┈┈┈┈ 118

6.2.3　各分区生态系统消耗量变化 ┈┈┈┈┈┈┈┈┈┈┈┈┈┈┈┈ 121

6.3　生态承载力与承载状态 ┈┈┈┈┈┈┈┈┈┈┈┈┈┈┈┈┈┈┈┈┈┈ 124

6.3.1　生态承载力 ┈┈┈┈┈┈┈┈┈┈┈┈┈┈┈┈┈┈┈┈┈┈┈┈┈┈ 124

6.3.2　生态承载状态 ┈┈┈┈┈┈┈┈┈┈┈┈┈┈┈┈┈┈┈┈┈┈┈┈┈ 126

6.4　生态承载力的未来情景与谐适策略 ┈┈┈┈┈┈┈┈┈┈┈┈┈┈ 129

6.4.1　基于绿色丝路建设愿景的情景分析 ┈┈┈┈┈┈┈┈┈┈┈ 129

6.4.2　生态承载力演变态势 ┈┈┈┈┈┈┈┈┈┈┈┈┈┈┈┈┈┈┈┈┈ 134

6.4.3　生态承载力谐适策略 ┈┈┈┈┈┈┈┈┈┈┈┈┈┈┈┈┈┈┈┈┈ 139

6.5　本章小结 ┈┈┈┈┈┈┈┈┈┈┈┈┈┈┈┈┈┈┈┈┈┈┈┈┈┈┈┈┈┈┈ 140

第7章　资源环境承载力综合评价 ┈┈┈┈┈┈┈┈┈┈┈┈┈┈┈┈┈┈┈┈┈┈ 141

7.1　乌兹别克斯坦资源环境承载力定量评价与限制性分类 ┈┈ 142

7.1.1　全国水平 ┈┈┈┈┈┈┈┈┈┈┈┈┈┈┈┈┈┈┈┈┈┈┈┈┈┈┈┈ 142

7.1.2　分区尺度 ┈┈┈┈┈┈┈┈┈┈┈┈┈┈┈┈┈┈┈┈┈┈┈┈┈┈┈┈ 143

7.2　乌兹别克斯坦资源环境承载力综合评价与警示性分级 ┈┈ 150

7.2.1　全国水平 ┈┈┈┈┈┈┈┈┈┈┈┈┈┈┈┈┈┈┈┈┈┈┈┈┈┈┈┈ 151

7.2.2　分区尺度 ┈┈┈┈┈┈┈┈┈┈┈┈┈┈┈┈┈┈┈┈┈┈┈┈┈┈┈┈ 151

7.3　结论与建议 ┈┈┈┈┈┈┈┈┈┈┈┈┈┈┈┈┈┈┈┈┈┈┈┈┈┈┈┈┈┈ 161

7.3.1　基本结论 ┈┈┈┈┈┈┈┈┈┈┈┈┈┈┈┈┈┈┈┈┈┈┈┈┈┈┈┈ 161

7.3.2　对策建议 ┈┈┈┈┈┈┈┈┈┈┈┈┈┈┈┈┈┈┈┈┈┈┈┈┈┈┈┈ 162

7.4　本章小结 ·· 165

第 8 章　资源环境承载力评价技术规范 ······························· 166

8.1　人居环境适宜性评价 ·· 166

8.2　土地资源承载力与承载状态评价 ·································· 169

8.3　水资源承载力与承载状态评价 ····································· 172

8.4　生态承载力与承载状态评价 ·· 172

8.5　资源环境承载力综合评价 ·· 174

参考文献 ·· 176

第 1 章　资源环境基础

　　乌兹别克斯坦共和国，简称乌兹别克斯坦，中亚五国之一，是位于中亚腹地的双重内陆国，自身无出海口且五个邻国也均是内陆国。南部与阿富汗接壤，北部和东北部与哈萨克斯坦接壤，东部和东南部与吉尔吉斯斯坦和塔吉克斯坦相连，西部与土库曼斯坦毗邻。本章对乌兹别克斯坦基本情况进行介绍，包括乌兹别克斯坦建国及发展状况、行政区划的划分、自然地理和资源环境特点、气象和气候特征等。

1.1　国家和区域

　　9～11 世纪，乌兹别克民族形成。13 世纪被蒙古人征服。14 世纪中叶，阿米尔·帖木儿建立以撒马尔罕为首都的庞大帝国。16～18 世纪，建立布哈拉汗国、希瓦汗国和浩罕汗国。19 世纪 60～70 年代，部分领土（现撒马尔罕州和费尔干纳州）并入俄罗斯。1917～1918 年建立苏维埃政权，1924 年 10 月成立乌兹别克苏维埃社会主义共和国并加入苏联。1991 年 8 月 31 日宣布独立，定 9 月 1 日为独立日。自获得独立以来，乌兹别克斯坦走上了建立市场经济民主国家的道路。共和国获得了独立进行对外经济活动的机会。今天，乌兹别克斯坦是经济合作组织、欧洲复兴开发银行、国际货币基金组织、国际劳工组织、上海合作组织等知名组织的成员。

　　乌兹别克斯坦共和国共划分成 14 个一级行政单元，包括 1 个自治共和国（图 1-1）：卡拉卡尔帕克斯坦共和国，1 个直辖市：首都塔什干，12 个州：安集延州、布哈拉州、吉扎克州、卡什卡达里亚州、纳沃伊州、纳曼干州、撒马尔罕州、苏尔汉河州、锡尔河州、塔什干州、费尔干纳州、花拉子模州。一级行政单元划分成 175 个区和 120 个市。乌兹别克斯坦共有 1067 个城市型居民区。

　　塔什干（Tashkent，意为"石头城"），是乌兹别克斯坦的首都，位于国家东北部，是全国的经济、文化、交通中心，因为日照充足而有"太阳城"之称。古代著名的"丝绸之路"就经过这里，是东西方重要的贸易中心和交通枢纽，也是中亚地区第一大的城市。塔什干区面积 260km²，人口约 230 万，也是中亚地区人口最多的城市。

　　撒马尔罕（Samarqand，意为"肥沃的土地"），是乌兹别克斯坦第二大城市，撒马尔罕州首府。撒马尔罕位于国家东南部泽拉夫尚河谷地，处于中国通往印度的交通要道，是古丝绸之路上的核心重镇，东北至首都塔什干的铁路距离为 270km，南至阿富汗国境为 249km。撒马尔罕是中亚历史名城，有 2500 多年的历史，是世界最古老的城市之一，与罗马、雅典、巴比伦同龄，关于撒马尔罕的记载最早可以追溯到公元前 5 世纪。撒马尔罕面积达 60km²，人口约 40 万。

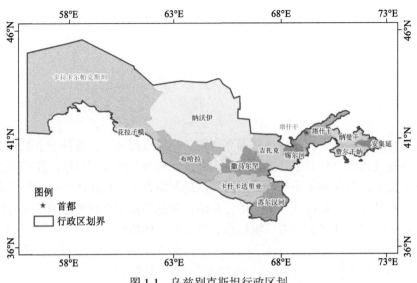

图 1-1　乌兹别克斯坦行政区划

布哈拉州的首府布哈拉是乌兹别克斯坦第三大城市，位于乌兹别克斯坦西南部，泽拉夫尚河三角洲上的沙赫库德运河河畔，布哈拉绿洲中部，东北距首都塔什干 434km，有 2500 多年的历史，是世界文明最灿烂的发源地之一。布哈拉也曾是古丝绸之路重镇之一，是东西方贸易、文化的桥梁与纽带，至今保存着 140 多座古代优秀建筑。布哈拉市面积达 50km²，人口约 25 万。

1.2　自然地理与资源环境

1.2.1　自然地理特征

乌兹别克斯坦的地形以平原低地为主，平原面积约占全国总面积的 80%，不过该国东南部地区多山地分布，属天山山系和吉萨尔-阿赖山系的西缘，地势东高西低。由东往西倾斜的地势，十分有利于盛行西风带的抬升，使得西风带携带的水汽在东部山地迎风坡抬升，从而产生地形雨，东部有些山区的年降水量能够达到 1000mm 以上。

乌兹别克斯坦的自然环境多种多样，既有浩瀚无垠的沙漠和高耸入云的雪山，也有汹涌澎湃的大河和荒凉无雨的戈壁。东部和东南部是山地，西部是荒漠和沙漠，西南和西北部是平原。整个国土由东南向西北方向倾斜。这里的气候属温带大陆性气候，夏季酷热干燥，冬季寒冷少雪，昼夜温差大，日照时间长，日照时间长短与美国加利福尼亚州基本相同。降雨的地域和时间分布不均，主要集中在秋季和春季。根据气候及土壤状况，主要进行棉花、水稻、葡萄种植，从事养蚕业、园艺业及卡拉库尔羊、牛、马等牲畜养殖业，西北地区主要从事捕鱼业。

乌兹别克斯坦最肥沃的地区——费尔干纳盆地位于齐兹勒库姆以东，面积约

21440km^2，北部、南部和东部被山脉环绕。盆地的西端是锡尔河，它从哈萨克斯坦南部穿过乌兹别克斯坦东北部进入齐孜勒库姆沙漠。虽然费尔干纳盆地每年的降雨量仅为100～300mm，但在山谷的中心和边缘的山脊上只剩下一小片沙漠。

乌兹别克斯坦大部分地区水资源分布不均，供不应求。占据乌兹别克斯坦领土面积2/3 的广阔平原，水量少，湖泊少。乌兹别克斯坦的两条最大河流是阿姆河和锡尔河，它们分别起源于塔吉克斯坦和吉尔吉斯斯坦的山区。这些河流形成了中亚的两个主要流域；它们主要用于灌溉，并且已经建造了几条人工运河以扩大费尔干纳河谷和其他地方的耕地面积。

乌兹别克斯坦的气候有时被广泛描述为地中海气候和潮湿的大陆性气候，这意味着它既有相对炎热的夏季，也有相对凉爽的冬季。然而，在柯本气候分类下，乌兹别克斯坦东部只有一小部分地区被归类为地中海和湿润大陆。其总面积的绝大部分（包括所有人口稀少的西部和中部地区）被归类为冷沙漠或冷草原。

这里夏季气温经常超过 40℃；冬季平均气温约为–2℃，但可能低至–40℃。该国大部分地区也很干旱，年平均降水量在 100～200mm 之间，主要发生在冬季和春季。6～9月，降水量很少，在此期间植物基本上停止了生长。

1.2.2 资源环境特点

乌兹别克斯坦地处亚欧大陆腹地，自古就是丝绸之路上的枢纽。该国人口占中亚五国的一半，农业是支柱产业，自然资源丰富，发展潜力巨大。然而经济发展水平、居民生活水平还比较低，加之水资源缺乏，生态环境脆弱。

1）自然资源丰富

乌兹别克斯坦自然资源丰富，是中亚五国中经济实力较强的国家，国民经济支柱产业是"四金"：黄金、白金（棉花）、黑金（石油）、蓝金（天然气）。

乌兹别克斯坦有着丰富的自然资源、农业原料。黄金、石油、天然气是乌兹别克斯坦国民经济重要支柱。黄金储量居世界第四位，开采量居世界第七位。乌兹别克斯坦拥有中亚 74%的天然气冷凝油，30%的石油，40%的天然气及 55%的煤。这些自然资源是吸引外资的主要推动力。

非金属矿产资源有钾盐、岩盐、硫酸盐、矿物颜料、硫、萤石、滑石、高岭土、明矾石、磷钙土以及建筑用石料等。

乌兹别克斯坦矿产资源丰富，有石油、天然气、铁、铀、铜、金、银、钨、锡、锌、硫磺、钾盐等。另外还有温泉和矿泉水。工业门类齐全，主要有燃料、电力、采矿、冶金、机械制造、金属加工、建材、化工、轻工和食品工业等。目前乌兹别克斯坦共确定了 2700 多个矿床和矿化点。其中探明矿床 1000 多个，含有约 100 种矿物原料，其中 60多种矿物原料已经进行工业开采，探明油田、天然气田和凝析气田 165 个，煤田 3 个，贵金属矿床 46 个，有色、稀有和放射性金属矿床 42 个，黑色金属矿床 3 个，宝石矿床

20 个，建材矿 484 个。

区域矿产的分布与成矿带分布紧密相关，集中于中部和东部。东部的塔什干州盛产铜、铅、锌、金、银、钼、铁、砷等及褐煤和油气资源。中部纳沃伊州、撒马尔罕州、卡什卡达利亚州北部，有金银、铅锌、钨、锡、铀等和石盐矿。南部与土库曼斯坦接壤的各州盛产油气资源、钾盐和石盐等。其他非金属矿产有高岭土、石灰岩、石膏、石英岩、蛭石、硅灰石、重晶石、石墨及各种建材石料等。

据评估，乌兹别克斯坦已探明矿产资源储量总值 1.3 万亿美元，前景储量总值 3.5 万亿美元，已探明矿产品有 100 多种，矿产地 3000 余处，主要为天然气、石油、煤炭、贵金属、有色金属。石油预测储量超过 53 亿 t，已探明储量 5.84 亿 t，凝析油探明储量 1.9 亿 t。天然气预测储量超 5.43 万亿 m³，已探明储量 3.4 万亿 m³。煤炭储量 20 亿 t。黄金探明储量 2100t，居世界第 4 位。铀预测储量 23 万 t，探明储量 5.5 万 t，占世界第 7 位，天然铀产量居世界第 5 位。铜、钨等矿藏也较为丰富。

尽管棉花不属于自然资源，但却是乌兹别克斯坦主要出口的农产品。乌兹别克斯坦素有"白金之国"的美誉，棉花种植历史已长达 2000 多年，棉花产量占中亚棉区的 2/3，是世界第 6 大产棉国，第 3 大棉花出口国，中国是乌兹别克斯坦棉花的主要买家，在中国的棉花进口来源国中，乌兹别克斯坦居第 4 位。

2）生物资源丰富

乌兹别克斯坦境内有森林、草原和高寒山区，分布在河流和湖泊间不同类型的湿地。多样的地貌孕育了多样的动植物种类，许多物种是地方独有的。

乌兹别克斯坦动物资源包括 97 种哺乳动物，379 种鸟类，58 种爬行类动物和 69 种鱼；植物资源有 3700 种野生植物。森林总面积约 860 万 km²，覆盖率为 5.3%。境内有 11 个自然保护区和一个生态中心，保护区面积达 200 万 km²。

沙漠大约占到土地面积的 27%，在此生长着 320 种植物，其中 170 种是沙生植物，一半以上具有地域性。有 16 种爬行动物、150 种鸟类、22 种哺乳动物。最独特的物种是蜥蜴、跳鼠和薄脚趾囊鼠。沙漠动物种群还包括极其稀少的赛加羚羊和身长达 1.6m 的大蜥蜴，以及野猪、金雕、雉鸡等。

石漠是灰棕色土壤被侵蚀后形成的（乌斯秋尔特高原和克孜勒库姆沙漠的一部分），具有很典型的厚石膏层。在这生存着 400 种植物和 130 种脊椎动物（11 种爬行动物，大约 100 种鸟类和 18 种脊椎动物）。有大约 30 种鸟类在此筑巢穴，常有云雀、沙松鸡和猫头鹰出没，也为赛加羚羊、鹅喉羚提供了栖息地。

3）水资源短缺

乌兹别克斯坦属于水资源极其匮乏的国家。人均水资源量仅为 702 m³，约 87% 的领土严重缺水，水已成为制约该区域经济和社会发展的核心因素。

（1）降水量少，水量蒸发大。乌兹别克斯坦属严重干旱的大陆性气候，夏季漫长炎热，日光充足，平原低地年降水量仅为 80～200 mm，高温干燥的气候特点导致水量蒸发很大，阿姆河三角洲的年蒸发量（1798 mm）超过降水量的 21 倍。

（2）可控水资源极为有限。本国水资源只能保证 14% 的水资源需求。真正可以利用的地表水来源，尤以阿姆河最为重要。阿姆河靠高山融雪和夏季降雨补充水源，年径流量变化较大，最大年径流量是平均年径流量的 1.5～2.5 倍，最小径流量比平均径流量小 2.0～2.2 倍，在干旱气候条件下，径流量变化直接影响灌溉用水。近年来全球气候变暖，冰川资源减少，山顶积雪线上移，阿姆河河流入水量急剧减少。乌兹别克斯坦又地处河流下游，水源国塔吉克斯坦控制地区水资源蓄积和分配，冬季用水坝蓄积大量的水，夏季把水分配到下游国家。然而，塔吉克斯坦本国的水资源基础设施破败不堪，50%～90% 的饮用水和灌溉水严重浪费；35% 的水坝蓄水还要用于水力发电。这种情况下，下游的乌兹别克斯坦，可控水资源极为有限。

（3）水资源不合理利用，缺乏统筹规划。乌兹别克斯坦水利设施利用低效，供水设施失修和缺少（流经疏松沙地的运河设计不完善，以及跨境渠道破损严重）都使大量水资源白白流失，造成了水资源的极大浪费，使得原本缺水的现状更是雪上加霜。考察发现，乌兹别克斯坦采用了商品化水资源方案，购买了花拉子模州东南方土库曼斯坦境内一个水库的水资源使用权，以保障花拉子模州及卡拉卡尔帕克斯坦共和国努库斯的供水。但是州与州之间，地区间的用水分配问题还有待进一步明确规划，各地方只保全自己区域的足够用水，并不考虑下游区的缺水问题，只有预先留下足够自己用的水量，剩余的才向其他地区供应。缺乏对水资源合理利用的协调规划和宏观的统筹安排，使缺水问题日益加剧。

（4）水质差，水资源污染。咸海的生态问题不仅造成水量减少，同时水质也受到了严重影响，在木伊那克的考察中，发现当地生活用水、饮用水的含盐量相当高。据考察得知，目前，咸海含盐量已达到 200 g/L，几乎接近死海 300 g/L 的盐度。大量的农业灌溉渗水、生活废水也对地表水造成了严重污染，从而导致可利用的水资源越来越少。

4）生态环境脆弱

乌兹别克斯坦是中亚中部的"双内陆国家"，五个邻国均无出海口。冬季寒冷，雨雪不断；夏季炎热，干燥无雨。山区年降水量 460～910 mm，而平原仅 90～580 mm。主要河流阿姆河和锡尔河等均为跨国界的内流河。东部为山地，中、西部荒漠广布，克兹尔库姆沙漠、乌斯秋尔特高原沙漠，以及形成于原咸海海底的阿拉库姆沙漠等三大荒漠形成一体。

西北部与哈萨克斯坦交界处的咸海，面积曾达 6.6 万 km²，是全球第四大内陆湖，在保证空气湿度和旱地方面发挥着重要的作用。曾经阿姆河和锡尔河可以汇入咸海，并在河三角洲地带形成独特的沙漠绿洲，自然资源丰富，盛产鱼类、水禽和麝鼠，拥有芦苇灌木丛、河岸森林、湖泊、草场、牧场及灌溉土地。

然而，20 世纪 60 年代，苏联在咸海地区启动了灌溉农业项目，种植利润较高但耗水量较大的棉花。随着人口增加和社会经济活动的增强，咸海流域内有限的水资源受到了无节制地开发、利用。在人为驱动力和气候变化的自然驱动力共同作用下，出现了一系列的生态环境问题。

阿姆河三角洲失去了其独特的自然功能，咸海水位迅速下降，面积急剧缩小。1987年咸海自然分成了南、北咸海两片水域，位于乌兹别克斯坦境内的南咸海部分在 2003年又分成了东西两部分。受气候影响，南咸海东部水域甚至在 2014 年一度干涸，咸海的急剧萎缩带来了一系列的生态危机，当地的生态环境趋于崩溃。

裸露的原湖床沉积层含有大量的盐碱，盐沙暴在流域地区极易发生，过去的港口城市被沙漠包围，荒漠面积不断扩大。农田盐碱化现象加剧，地下水、饮用水受到盐碱的严重污染。

生物物种锐减，尤其是鱼类资源大幅下降。自 1982 年起咸海南部地区就停止了捕鱼，鱼产品加工厂停产，很多港口失去其职能，整个捕捞业大量失业渔民搬迁至其他地区。

地处咸海周边的卡拉卡尔帕克斯坦共和国的当地居民，除了常年呼吸盐沙等有害物质，饮用水的含盐量和金属离子含量也较高，加之该地区缺乏居民用水的净化设施（居民饮用水是被污染的其他渠道的水），水中的有害物质直接威胁当地居民健康，孕妇多患贫血症，慢性气管炎、肾病、肝病，特别是癌症的发病率极高，婴儿发育不健全、夭折发生率也很高。

1.3 气象和气候

乌兹别克斯坦深居内陆，距离海洋十分遥远，终年受到大陆气团的控制，气候类型属于温带大陆性气候，气候特征表现为冬冷夏热，气温日较差和年较差大，气候干旱，年降水量少。

1.3.1 气候特征

乌兹别克斯坦属严重干旱的大陆性气候。气候特点是冬季寒冷，雨雪不断；夏季炎热，干燥无雨，昼热夜凉明显。1 月平均气温零下 5℃（北方）和零下 3℃（南方），最冷时，地面最低温度可达零下 30℃；7 月平均气温 28℃（北方）和 32℃（南方），最热时，地面最高温度可达 44℃。年降水量：平原 90～580mm，山区 460～910mm。降雨季节主要在秋冬季。

乌兹别克斯坦属于干旱的大陆性气候，其特点是日内和季节之间的温度变化很大。全国大部分地区（79%的面积）地形平坦，半沙漠草原、沙漠，包括最西部因咸海干燥而形成的沙漠地区。其余东南部地区为大陆性气候，包括覆盖最大城市塔什干和撒马尔罕的地区，并包含构成天山山脉和吉萨尔-阿莱山脉一部分的高山。

1.3.2　气温特征

乌兹别克斯坦属于极端大陆性气候。夏季漫长、炎热和干燥，最热的月份（7 月）月平均温度为 27.2℃，许多大城市的日平均最高温度为 35℃。冬天很冷，12 月至翌年 2 月的月平均气温为 –1℃～–3℃。该国西部地区的冬季温度相对较低，而南部与土库曼斯坦和阿富汗交界处附近的温度最高。降水水平有很大的空间差异。许多西部地区每年的降水量不足 100mm，而东部和东南部的部分地区每年的降水量可达 800～900mm。

一般来说，南部最暖，北部最冷。12 月的温度在北部平均为 –8℃（18°F），在南部为 0℃（32°F）。然而，极端的波动可能使温度低至 –35℃（–31°F）。在夏季，气温可攀升至 45℃（113°F）或以上。湿度很低。近年来，乌兹别克斯坦明显受到全球变暖和咸海干涸的具体影响。这使得多雪的寒冬变成了温和的寒冬，降水减少。最佳的访问时间是在春秋两季，其中 9 月是绝对的最佳月份。

1.3.3　降水特征

乌兹别克斯坦各地的地形地貌差异也很大，东部和东南部为天山山脉余脉，依傍着绵延千里的天山山系和吉萨尔-阿赖山系，部分山区降水量可以达到 1000mm，而中部和西部多为平原，降水量 80mm 不到，造就了国内面积最大的克孜勒库姆沙漠。由此形成的乌兹别克斯坦气候特点是冬季寒冷，雨雪不断；夏季炎热，干燥无雨，昼热夜凉明显。

乌兹别克斯坦全年干旱少雨，多年平均降水量为 216.8mm，即 962.98 亿 m³。西部平原地区年均降水量为 200mm 以下，塔什干州东部山区和苏尔汉河州北部山区年均降水量超过 1000mm。

1.4　本章小结

乌兹别克斯坦地处亚欧大陆腹地，自古就是丝绸之路上的枢纽。气候类型属于温带大陆性气候，冬冷夏热，气温日较差和年较差大，气候干旱，年降水量少。境内自然资源十分丰富，是中亚五国中经济实力较强的国家，农业是支柱产业，自然资源丰富，发展潜力巨大。然而经济发展水平、居民生活水平还比较低，水资源缺乏，生态环境脆弱，社会经济发展仍然面临诸多挑战。

第2章 人口与社会经济背景

人口是区域资源环境承载的载体，社会经济对区域资源环境承载力的发挥起着调节作用。本章从人口规模和增减变化、人口结构与人口素质、人口分布与集疏格局等方面，分析了乌兹别克斯坦近年人口现状与发展变化特征；以人类发展水平、城市化水平、交通通达水平三个方面的评价为基础，综合评价了乌兹别克斯坦社会与经济发展的区域差异。本章的内容将为乌兹别克斯坦资源环境承载力的综合评价提供基础支撑。

2.1 人口发展与分布

本节基于乌兹别克斯坦人口统计数据和格网数据，以州（共和国、直辖市）为基本研究单元，从人口规模与增减变化、人口结构与人口素质和人口分布与集疏特征等方面对乌兹别克斯坦的人口发展特征进行了分析。

2.1.1 人口规模与增减变化

乌兹别克斯坦是中亚地区第一大人口国家，并且人口增长速度也较快。2020 年，乌兹别克斯坦人口总量为 3390.52 万人，相当于第二名哈萨克斯坦人口总量的 1.8 倍多，而中亚地区其余三国人口总量均小于 1000 万人（塔吉克斯坦、吉尔吉斯斯坦和土库曼斯坦分别为 932.10 万人、645.62 万人和 594.21 万人），人口总量居于中亚第一名。从人口增长态势来看，2000～2020 年，乌兹别克斯坦年均人口增长率为 1.92%，低于塔吉克斯坦的 2.67%、但高于吉尔吉斯斯坦的 1.73%，土库曼斯坦的 1.68% 和哈萨克斯坦的 1.3%，也高于全球同期的 1.35%，人口增长较快，人口增长速度排名中亚五国第二位（表 2-1）。

表 2-1 乌兹别克斯坦及中亚其他四国 2000 年、2010 年和 2020 年人口总量（单位：万人）

国家	2000 年	2010 年	2020 年
乌兹别克斯坦	2448.77	2800.14	3390.52
哈萨克斯坦	1488.36	1632.19	1851.39
塔吉克斯坦	621.63	752.74	932.10
吉尔吉斯斯坦	489.84	544.79	645.62
土库曼斯坦	451.61	508.72	594.21

注：乌兹别克斯坦 2000～2020 年人口数据来源乌兹别克斯坦统计年鉴，其余四国人口数据来源于世界银行（https://data.worldbank.org.cn/）。

乌兹别克斯坦人口逐年增长，并维持着较快的人口增长速度。相较于 2000 年的 2449 万人，乌兹别克斯坦在 2000~2020 年增长 940 余万人，增幅达到了 38.46%。从人口年均增长率来看，乌兹别克斯坦一直维持着较快的人口增长速度，除 2011 年因为人口普查修正了人口总量导致人口增速在 4%以上，其余年份可以分为两个阶段：第一阶段是 2000~2010 年，该阶段乌兹别克斯坦人口年均增长率在 1.3%左右，呈现先降低后增加的趋势，并在 2010 年达到了最高，人口增长率为 1.7%；第二阶段是 2012~2020 年，该阶段乌兹别克斯坦人口年均增长率在 1.7%左右，呈现波动上升的趋势，并在 2020 年达到了最高，人口年均增长率为 1.95%（图 2-1）。

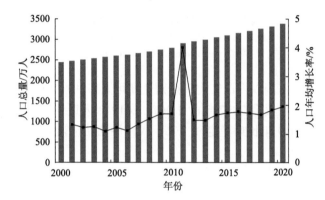

图 2-1　乌兹别克斯坦 2000~2020 年人口总量及年均增长率

数据来源乌兹别克斯坦统计年鉴；另外，2010 年乌兹别克斯坦人口增长率出现异常升高，可能是由于该国在 2010 年开展了人口普查进行了数据修正所致

乌兹别克斯坦人口城市化水平不高，人口城市化速度也较为缓慢。乌兹别克斯坦 2020 年的人口城市化率为 50.56%，在中亚五国中仅高于塔吉克斯坦和吉尔吉斯斯坦，低于同期全球人口城市化平均水平（56.16%）。乌兹别克斯坦人口城市化速度增长缓慢，年均人口城市化速度仅为 0.22%，相较于 2000 年的 46.13%，人口城市化水平仅提升了 4.43%，长期停滞于 50%的人口城市化水平。2000~2020 年，乌兹别克斯坦人口城市化水平可以分为两个阶段：第一阶段是 2000~2010 年，该阶段乌兹别克斯坦人口城市化年均增长率在 1%左右，在 2010 年达到了 51.52%；第二阶段是 2011~2020 年，该阶段乌兹别克斯坦人口城市化率由增转负，年均增长率在–0.2%左右，在 2020 年降低到了 50.56%。乌兹别克斯坦人口城市化率长期停滞，一方面和该国的逐水草而居的游牧传统有关，加之乌兹别克斯坦经济发展缓慢，人口向城市迁移动力不足。另一方面是在苏联解体后，大量居住在城市地区的俄罗斯族向国外迁移，城市人口有所下降（图 2-2）。

2.1.2　人口结构与人口素质

乌兹别克斯坦人口性别比长期稳定在 1.06 左右。2019 年，乌兹别克斯坦男女性别比为 1.06，略低于同在中亚地区的哈萨克斯坦和塔吉克斯坦，也略低于世界平均水平（1.07），

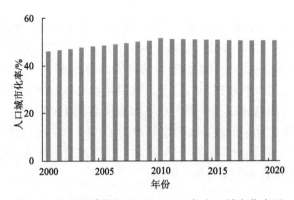

图 2-2　乌兹别克斯坦 2000～2020 年人口城市化水平

乌兹别克斯坦 2010 年和 2020 年人口城市化率数据来源乌兹别克斯坦统计年鉴，其余年份的人口城市化率数据来源于世界银行（https://data.worldbank.org.cn/）

处于 1.03～1.07 的正常范围以内，表明乌兹别克斯坦人口性别比合理。乌兹别克斯坦的人口性别比变动较小，相较于 2007 年的 1.067，2019 年人口性别比为 1.062，人口性别比有所降低，2007～2019 年长期稳定在 1.06，人口性别结构较为稳定（图 2-3）。

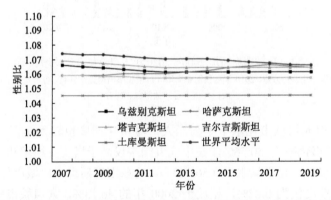

图 2-3　乌兹别克斯坦及中亚其他四国 2007～2019 年性别比变化情况

数据来源于世界银行（https://data.worldbank.org.cn/）

　　乌兹别克斯坦人口金字塔呈现三角形状，少年儿童和青壮年占比较高，基本上属于年轻型。从性别上看，乌兹别克斯坦的男女性别比较为均衡，除 75 岁以上年龄人口女性人口比例偏高之外，人口金字塔上的各个年龄段呈现了左右对称分布。以 5 为一组的年龄结构分布中，0～4 岁的儿童占比最高，而且 2020 年较 2010 年进一步提升，由占总人口比重的 10.52%上升到了 13.02%。2020 年，乌兹别克斯坦的人口金字塔在 15～19 岁的年龄分组表现出了明显的收缩（对应 2010 年为 5～9 岁年龄组），而这批人属于在 2000～2005 年出生的人口，这可能和苏联解体后，乌兹别克斯坦的社会经济陷入了停滞有关。经济增速放缓，社会动荡不安，导致出生人口明显减少，但随着 2010 年以来乌兹别克斯坦的经济增长逐渐恢复，出生人口又大量增加，使得该国的人口年龄结构呈现了明显的差异（图 2-4）。

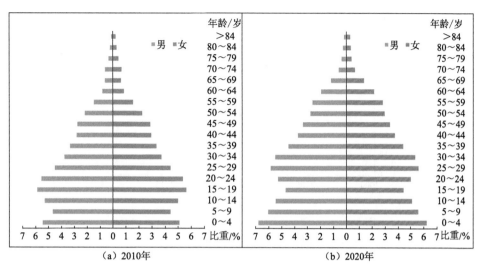

图 2-4　乌兹别克斯坦 2010 年和 2020 年的人口金字塔

数据来源于乌兹别克斯坦统计年鉴

乌兹别克斯坦人口抚养比呈现不断下降的变化趋势。2020 年，乌兹别克斯坦人口总抚养比为 50.58，在中亚五国中排名末位，低于塔吉克斯坦的 67.93、吉尔吉斯斯坦的 59.69、哈萨克斯坦的 58.85 和土库曼斯坦的 55.18，也低于世界 54.55 的平均水平，人口抚养压力较轻。乌兹别克斯坦的少儿抚养比和老年人口抚养比分别为 43.37 和 7.21，表明该国人口总抚养比主要受少儿抚养比的影响（表 2-2）。从 2000～2020 年变化情况来看，乌兹别克斯坦的人口总抚养比和少儿抚养比一直呈现下降趋势，而老年人抚养比基本在 7 左右波动。可以分为两个阶段：第一阶段为 2000～2010 年，人口总抚养比和少儿抚养比下降较快，分别从 2000 年的 72.09 和 64.14 下降到了 2010 年的 50.7 和 43.91；第二阶段为 2011～2020 年，人口总抚养比和少儿抚养比较为稳定，2011～2020 年这十年间基本在 50 和 42 左右。乌兹别克斯坦的老年人口抚养比变化幅度一直较小，2000～2020 年一直在 7 左右，而且呈现波动下降趋势，2015～2020 年以来老年人口抚养比有所抬升，并在 2020 年超过了 7（图 2-5）。

表 2-2　乌兹别克斯坦及中亚其他四国 2020 年的总抚养比、少儿抚养比和老年人口抚养比情况

国家	总抚养比	少儿抚养比	老年人口抚养比
乌兹别克斯坦	50.58	43.37	7.21
哈萨克斯坦	58.85	46.3	12.55
塔吉克斯坦	67.93	62.59	5.34
土库曼斯坦	55.18	47.78	7.4
吉尔吉斯斯坦	59.69	52.14	7.55
全球平均	54.55	40.25	14.3

注：数据来源于世界银行（https://data.worldbank.org.cn/）。

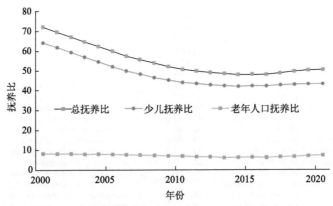

图 2-5　乌兹别克斯坦 2000～2020 年人口抚养比变化

数据来源于世界银行（https://data.worldbank.org.cn/）

　　乌兹别克斯坦人口识字率较高，但高等教育入学率较低。从人口识字率来看，中亚五国 15 岁以上人口的识字率都接近 100%，均高于全球的平均水平（86.48%），基本上消除了文盲人口，人口识字水平较高。从高等教育入学率来看，乌兹别克斯坦居中亚五国第四位，也低于全球平均水平，乌兹别克斯坦较低的高等教育入学率表明该国的高等教育不发达，而高等教育水平不足也会限制乌兹别克斯坦的创新能力（表 2-3）。

表 2-3　乌兹别克斯坦及中亚其他四国的人口识字率和高等教育入学率情况　　（单位：%）

国家	15 岁以上人口识字率	高等教育入学率
乌兹别克斯坦	99.99（2019 年）	15.92（2020 年）
哈萨克斯坦	99.78（2018 年）	70.68（2020 年）
塔吉克斯坦	99.8（2014 年）	31.26（2017 年）
土库曼斯坦	99.7（2014 年）	15.61（2020 年）
吉尔吉斯斯坦	99.59（2018 年）	46.45（2020 年）
全球平均	86.48（2018 年）	40.24（2020 年）

　　注：因世界银行统计的各国社会经济数据并不完整，本文采取了各国最近年份数据进行了替代。数字后面的括号指代数据的统计年份。

　　乌兹别克斯坦实行十二年义务教育，包括九年中小学教育和三年中等职业教育。乌兹别克斯坦的九年中小学教育分为小学四年和中学五年。自独立以来，乌兹别克斯坦的中小学学生数量基本保持稳定，教师数量也较为稳定，学龄儿童入学比例处于较高位置并且在逐年提高。中等职业教育为期三年，是乌兹别克斯坦为保证中学毕业生为适应就业市场需求所创立的新型教育形式，也是该国义务教育的重要组成部分。乌兹别克斯坦在 21 世纪初创建了高等学校，包含塔什干国立航空学院、世界经济、军事学院和外交学院等。完备的教育体系为乌兹别克斯坦输送了大量的高科技人才，目前乌兹别克斯坦在科研上形成了完善的研究基地、高素质的科研人员和丰富的科研基金，优势领域包含天体物理学、核物理学、生物学和微生物学、化学和地震学等，是中亚地区重要的科研中心（周建英，2018）。

乌兹别克斯坦的高等教育入学率维持在较低水平，近几年有所提升。2020 年，乌兹别克斯坦的高等教育入学率为 15.92%，相对于 2000 年的 13.07%略有提升。2000～2020 年，乌兹别克斯坦的高等教育入学率可以分为三个阶段：第一阶段是 2000～2004 年，乌兹别克斯坦的高等教育入学率由 2000 年的 13.07%提升到了 2004 年的 14.21%，4 年内提升了一个百分点多；第二阶段是 2005～2014 年，这 10 年乌兹别克斯坦的高等教育入学率处于停滞下降阶段，相对于 2005 年的 10.07%，2014 年乌兹别克斯坦的高等教育入学率仅为 8.1%，10 年间下降了近 2 个百分点；第三个阶段是 2015～2020 年，乌兹别克斯坦的高等教育入学率有所回升，从 2015 年的 8.22%提升到了 2020 年的 15.92%。从男女入学率差异来看，2000～2020 年乌兹别克斯坦的男生高等教育入学率一直显著高于女生，2020 年男生高等教育入学率为 16.88%，而女生高等教育入学率仅为 14.92%，在高等教育入学率方面出现了男女性别的显著差异（图 2-6）。

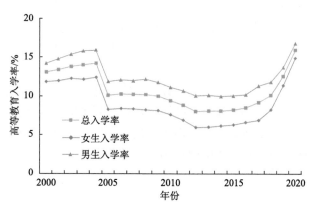

图 2-6　2000～2020 年乌兹别克斯坦高等教育入学率

数据来源于世界银行（https://data.worldbank.org.cn/）

乌兹别克斯坦教育公共开支占 GDP 比重较高，但呈现波动下降趋势。2020 年，乌兹别克斯坦的教育公共开支占 GDP 比重为 5.11%，相较于 2019 年的 7%下降明显，高于 2019 年中亚地区的哈萨克斯坦（2.86%），吉尔吉斯斯坦（5.37%），塔吉克斯坦（5.71%），土库曼斯坦（3.12%），也高于世界平均水平（3.66%），说明乌兹别克斯坦教育公共开支占 GDP 比重较高。从时间上来看，乌兹别克斯坦的教育公共开支占 GDP 比重呈现下降趋势，2013 年教育公共开支占 GDP 比重为 6.09%，到 2020 年下降了 1 个百分点。教育公共开支占 GDP 比重是反映一个国家对教育重视程度的重要指标，而公共教育的提升可以显著提高人口素质，进一步影响国家的社会经济发展水平。乌兹别克斯坦对教育投入的下降可能会导致该国长期的社会经济发展动力不足（图 2-7）。

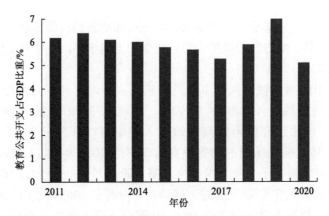

图 2-7　乌兹别克斯坦 2011~2020 年教育公共开支占 GDP 比重
数据来源于世界银行（https://data.worldbank.org.cn/）

乌兹别克斯坦在苏联时期形成了多样化的民族构成，在苏德战争期间，苏联政府把德意志人、波兰人和朝鲜人等迁移到了中亚地区，同时还接收了苏联其他加盟共和国的白俄罗斯人、乌克兰人、鞑靼人和卡拉恰耶夫人等（周建英，2018）。目前全国共有 130 多个民族，其中乌兹别克族占比近八成，然后是塔吉克族和俄罗斯族，此外还有哈萨克族、鞑靼族、乌克兰族、朝鲜族、土库曼族、亚美尼亚族、阿塞拜疆族和维吾尔族等。乌兹别克族是乌兹别克斯坦的主体民族，也是中亚第一大民族。

乌兹别克斯坦形成了以伊斯兰教为主体，多宗教并存的社会。乌兹别克斯坦超过九成的人口信仰伊斯兰教，大约 5%的人信仰东正教，其余信仰基督教、佛教、犹太教等（张宁，2014）。伊斯兰教是乌兹别克斯坦主体民族信仰的宗教，乌兹别克斯坦独立后，各种宗教尤其是伊斯兰教填补了该国意识形态领域的真空，它对乌兹别克斯坦的历史、文化和风俗习惯等都有重要影响。

2.1.3　人口分布与集疏特征

乌兹别克斯坦人口分布呈现了"东多西少，南多北少"的空间格局。由乌兹别克斯坦 2020 年 1km×1km 的 WorldPop 格网人口分布可知，该国的人口主要集中于东部的塔什干、费尔干纳、安集延，与南部的撒马尔罕和花拉子模等地，而西部的卡拉卡尔帕克斯坦共和国和纳沃伊等地人口非常稀疏。乌兹别克斯坦的人口分布深受地形、气候和水文条件的影响，东部的费尔干纳盆地是整个乌兹别克斯坦自然条件最好的地区，这里地形平坦、大陆性干冷气候较弱，同时降水和地表径流也较为丰富，人口在 100 人/km² 以上，是该国人口最为密集的地区。而西北部分布着广袤的克孜勒库姆沙漠，自然条件恶劣，降水稀少，人口大多在 50 人/km² 以下，是人口稀疏区（图 2-8）。

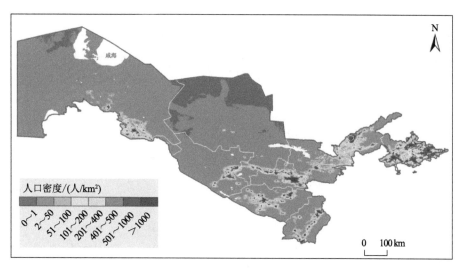

图 2-8　乌兹别克斯坦 2020 年的 1km×1km 格网人口分布图

数据来源于 WorldPop2020（https://www.worldpop.org/）

乌兹别克斯坦大部分州（共和国、直辖市）人口总量在 100 万人以上，仅纳沃伊州和锡尔河州低于 100 万人。2020 年，乌兹别克斯坦二级行政单元中人口总量最多的是撒马尔罕州，为 387.74 万人，然后是费尔干纳州，人口总量也达到了 375.20 万人，而锡尔河州人口总量最小，仅为 84.63 万人，乌兹别克斯坦各州（共和国、直辖市）人口总量差异较大。从人口密度来看，乌兹别克斯坦各州（共和国、直辖市）人口密度较高，但差异极大。2020 年，乌兹别克斯坦各州（共和国、直辖市）人口密度在 100 人/km²以上的有 10 个，其中塔什干人口密度最高，达到了 7700 人/km²，而纳沃伊州人口密度最低，仅为 9 人/km²。从时间上来看，在人口增量上，2000～2020 年乌兹别克斯坦 14 个州（共和国、直辖市）均实现了人口正增长，其中撒马尔罕州、卡什卡达里亚州和费尔干纳州在 2000～2020 年人口增量均在百万以上，分别达到了 120.71 万人、111.36 万人和 108.76 万人，而纳沃伊州和锡尔河州人口增量较小，2000～2020 年仅增长了 21.38 万人和 20.41 万人。人口年均增速上，2000～2020 年乌兹别克斯坦有 8 个州人口年均增速在 2%以上，其中卡什卡达里亚州和苏尔汉河州最高，人口年均增速均为 2.57%。而塔什干人口年均增速最低，2000～2020 年仅为 1%（表 2-4）。

表 2-4　乌兹别克斯坦各分区 2000 年、2010 年和 2020 年人口基本情况

州（共和国、直辖市）名	2000 年		2010 年		2020 年	
	人口总量/万人	人口密度/（人/km²）	人口总量/万人	人口密度/（人/km²）	人口总量/万人	人口密度/（人/km²）
卡拉卡尔帕克斯坦共和国	150.30	9	163.20	10	189.83	11
安集延州	218.62	521	254.91	593	312.77	727
布哈拉州	141.93	35	161.25	40	192.39	48
吉扎克州	97.48	46	111.68	53	138.21	65

续表

州(共和国、直辖市)名	2000年		2010年		2020年	
	人口总量/万人	人口密度/（人/km²）	人口总量/万人	人口密度/（人/km²）	人口总量/万人	人口密度/（人/km²）
卡什卡达里亚州	216.68	76	261.61	92	328.04	115
纳沃伊州	78.33	7	85.16	8	99.71	9
纳曼干州	192.43	260	225.85	304	281.08	378
撒马尔罕州	267.03	159	311.90	186	387.74	231
苏尔汉河州	173.67	86	207.50	103	262.91	131
锡尔河州	64.22	149	71.44	167	84.63	198
塔什干州	235.02	154	258.59	170	294.19	193
费尔干纳州	266.44	398	307.46	455	375.20	555
花拉子模州	132.39	217	156.16	258	186.65	309
塔什干	214.23	6472	223.43	6750	257.17	7700
全国	2448.77	55	2800.14	62	3390.52	76

注：数据来源于乌兹别克斯坦统计年鉴。

乌兹别克斯坦二级行政单元以人口中低密度快速增长为主。耦合人口密度与人口增长率[①]，将乌兹别克斯坦 14 个州（共和国、直辖市）划分为四种人口发展类型，分别是：人口中低密度慢速增长、人口中低密度快速增长、人口高密度慢速增长和人口高密度快速增长。其中人口中低密度快速增长的二级行政单元数量最多，为 7 个，占总数的一半，分别是布哈拉州、吉扎克州、卡什卡达里亚州、纳沃伊州、撒马尔罕州、苏尔汉河州和锡尔河州，是乌兹别克斯坦各州（共和国、直辖市）的主要人口发展类型。人口高密度快速增长有 4 个，约占总数的 28.57%，分别是安集延州、纳曼干州、费尔干纳州和花拉子模州，主要集中在乌兹别克斯坦的东南部。人口中低密度慢速增长仅有卡拉卡尔帕克斯坦共和国和塔什干州 2 个，而人口高密度慢速增长仅有首都塔什干 1 个，这和塔什干高人口密度基数有关，塔什干 2000 年人口密度即达到了 6472 人/km²，到 2020 年增长到了 7700 人/km²，20 年间人口密度增量达到了 1200 人/km²有余，是整个乌兹别克斯坦人口密度增长最多的二级行政单元（表 2-5）。

表 2-5　乌兹别克斯坦各分区 2000～2020 年人口发展类型划分

人口年均增速　　人口密度	人口慢速增长（<1.35%）	人口快速增长（≥1.35%）
人口中低密度（<300 人/km²）	卡拉卡尔帕克斯坦共和国、塔什干州	布哈拉州、吉扎克州、卡什卡达里亚州、纳沃伊州、撒马尔罕州、苏尔汉河州、锡尔河州
人口高密度（≥300 人/km²）	塔什干	安集延州、纳曼干州、费尔干纳州、花拉子模州

注：数据来源于乌兹别克斯坦统计年鉴。

---

① 人口密度以 300 人/km² 为间断点，将乌兹别克斯坦 14 个州（共和国、直辖市）划分为中低人口密度（<300 人/km²）和高人口密度（≥300 人/km²）两种类型；人口增长率以全球 2000～2020 年均人口增长率 1.35%为间断点，将乌兹别克斯坦 14 个州（共和国、直辖市）划分为人口慢速增长（<1.35%）和人口快速增长（≥1.35%）两种类型。

在城市人口数量上，2020 年，乌兹别克斯坦有一半的州（共和国、直辖市）城市人口在百万以上，其中首都塔什干城人口最多，达到了 257.17 万人，费尔干纳州城市人口也超过了 200 万人，达到了 211.77 万人。而锡尔河州城市人口最少，仅为 36.13 万人，纳沃伊州城市人口也低于 50 万人，仅为 48.77 万人。从时间上来看，在城市人口增量方面，2010～2020 年纳曼干州和首都塔什干城市人口增加最多，10 年间城市人口增量在 30 万以上，分别为 35.63 万人和 33.74 万人，而有 4 个州城市人口增量不足 10 万人，分别是布哈拉州、纳沃伊州、锡尔河州和花拉子模州。在城市人口增速方面，2010～2020 年乌兹别克斯坦有 7 个州年均城市人口增速在 2%以上，分别是纳曼干州、苏尔汉河州、卡什卡达里亚州、撒马尔罕州、吉扎克州、锡尔河州和安集延州，而布哈拉州、卡拉卡尔帕克斯坦共和国和塔什干州年均城市人口增速低于 1.5%，分别为 1.4%、1.34% 和 1.19%（表 2-6）。

在人口城市化率上，2020 年，乌兹别克斯坦有 4 个州（直辖市）的人口城市化率超过了 50%，其中首都塔什干最高，达到了 100%，然后是纳曼干州、费尔干纳州和安集延州，分别为 64.58%、56.44% 和 52.24%。有 4 个州人口城市化率不足 40%，分别是撒马尔罕州、布哈拉州、苏尔汉河州和花拉子模州，分别为 37.09%、36.88%、36.29% 和 33.18%。从时间上来看，在人口城市化率增幅方面，虽然乌兹别克斯坦所有的州（共和国、直辖市）城市人口在 2010～2020 年都实现了正增长，但人口城市化率上仅锡尔河州 2020 年较 2010 年有所增长，首都塔什干仍保持 100%的人口城市化率，其他各州（共和国、直辖市）人口城市化率在 2010～2020 年都有所下降，其中费尔干纳州下降幅度最大，人口城市化率从 2010 年的 58.63% 下降到了 2020 年的 56.44%，10 年间下降了 2 个百分点多，这可能与乌兹别克斯坦的农村人口增长较快和居住在城市地区俄罗斯人外迁有关（表 2-6）。

表 2-6　乌兹别克斯坦各分区 2010 年和 2020 年人口城市化基本情况

州（共和国、直辖市）名	2010 年		2020 年	
	城市人口/万人	人口城市化率/%	城市人口/万人	人口城市化率/%
卡拉卡尔帕克斯坦共和国	82.03	50.26	93.05	49.02
安集延州	135.84	53.29	163.39	52.24
布哈拉州	62.24	38.6	70.95	36.88
吉扎克州	52.68	47.17	64.8	46.89
卡什卡达里亚州	113.57	43.41	141.04	42.99
纳沃伊州	42.09	49.42	48.77	48.91
纳曼干州	145.88	64.59	181.51	64.58
撒马尔罕州	116.04	37.2	143.83	37.09
苏尔汉河州	76.79	37.01	95.4	36.29
锡尔河州	29.47	41.25	36.13	42.69
塔什干州	129.32	50.01	144.67	49.18

州（共和国、直辖市）名	2010 年		2020 年	
	城市人口/万人	人口城市化率/%	城市人口/万人	人口城市化率/%
费尔干纳州	180.25	58.63	211.77	56.44
花拉子模州	52.96	33.91	61.93	33.18
塔什干	223.43	100	257.17	100
全国	1442.59	51.52	1714.41	50.56

注：数据来源乌兹别克斯坦统计年鉴。

2.2 社会经济发展水平及适应性评价

社会经济是以人为核心，包括社会、经济、教育、科学技术及生态环境等领域，涉及人类活动的各个方面和生存环境的诸多复杂因素的巨系统。人是社会经济活动的主体，以其特有的文明和智慧协同大自然为自己服务，使其物质文化生活水平以正反馈为特征持续上升；人是大自然的一员，其一切宏观性质的活动，都不能违背自然生态系统的基本规律，都受到自然条件的负反馈约束和调节。人口发展与空间布局既要与资源环境承载力相适应，也要与社会经济发展相协调，这体现了社会经济发展对资源环境限制性的进一步适应，包括强化和调整。

由此，本节基于乌兹别克斯坦的统计年鉴和世界银行相关统计数据，综合运用遥感大数据，结合实地考察与调研，构建了乌兹别克斯坦社会经济发展专题数据库，研发了社会经济发展水平综合评价模型，将人类发展指数、交通通达指数、城市化指数纳入社会经济发展水平评价体系，以州为基本研究单元，从基础指标到综合指数，定量研究了乌兹别克斯坦的人类发展水平、城市化水平和交通通达水平，基于上述 3 个分项指数，综合评价了乌兹别克斯坦的社会经济发展水平，以期为乌兹别克斯坦的资源环境承载力综合评价提供数据支撑。

2.2.1 人类发展水平评价

人类发展指数（human development index，HDI）是由联合国开发计划署（UNDP）在《1990 年人文发展报告》中提出的，用以衡量联合国各成员国经济社会发展水平的指标，是以"教育水平、预期寿命和收入水平"三项基础变量，按照一定的计算方法，得出的综合指标。本节首先讨论了乌兹别克斯坦教育事业、卫生事业和经济产业各类指标近数年的变化趋势，最后分级评价了乌兹别克斯坦各州的人类发展水平。

1. 教育事业发展

十月革命之前，乌兹别克斯坦内的大多数土著居民都没有受到教育的权利与机会。

十月革命后，乌兹别克斯坦开始了大面积的扫盲工作，大力推进教育事业的发展。据国家官方数据统计，2011 年乌兹别克斯坦识字率已达到 99.4%。

对于乌兹别克斯坦来说，教育是特别优先的领域。国内的教育支出主要依赖于中央财政的拨款。从 1992 年以来，乌兹别克斯坦的教育支出经费持续保持在 12 亿美元左右，2007 年突破 20 亿美元大关，后继续增长态势。2013 年，乌兹别克斯坦公共教育支出总额已达到 69.75 亿美元，占当年政府支出的 22.76%。2015 年和 2016 年，教育支出已超 80 亿美元，达到近年来的高峰，占当年政府支出的比例也达到了 23.09%。当前，乌兹别克斯坦每年在教育每年投入的资金均相当于 GDP 的 10%～12%,甚至超过了发达国家的教育支出占比（图 2-9 和图 2-10）。

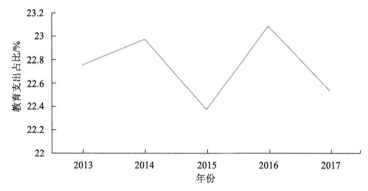

图 2-9 公共教育支出占政府财政支出比例

数据来源于世界银行（https://data.worldbank.org.cn/）

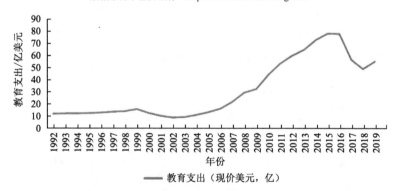

图 2-10 乌兹别克斯坦 1992～2019 年教育支出经费总额

数据来源于世界银行（https://data.worldbank.org.cn/）

除了教育资金投入，乌兹别克斯坦也同样重视教育质量的控制。2017 年时，受过专业培训的初中教师占比达到 99.01%，受到专业培训的高中教师人数也占到了总数的 93.43%。据世界银行统计数据，2000～2020 年，乌兹别克斯坦的中小学师生比较稳定，小学师生比基本保持在 1 : 20 上下，中学师生比则保持在 1 : 12 上下，这个数字与国际标准相比属于较高水平（图 2-11）。

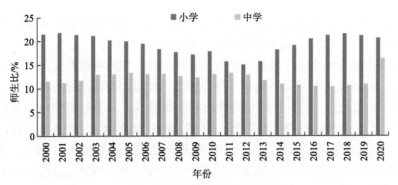

图 2-11 小学及中学师生比例

数据来源于世界银行（https://data.worldbank.org.cn/）

乌兹别克斯坦的教育体制分为：学前教育、初等教育、中等教育和高等教育。自 1991 年独立以来，乌兹别克斯坦曾在教育领域内实行多项改革。1991～1996 年是改革的第一阶段，乌兹别克斯坦建立了新式学校：私立学校和西式中学，同时大幅度增加了中等专业学校和高校的数量，将提高国民外语水平作为一个重要改革内容。1997～2004 年是改革的第二阶段，教学形式不被局限，同时加强了民族文化与历史的教育。2004 年以后，改革进入新阶段，乌兹别克斯坦政府大力增加在教育领域方面的投入，为农村的孩子创造与城市学生等同的教育条件。

在不断的改革中，乌兹别克斯坦的初、中学数量呈现稳步上升的趋势。2011 年乌兹别克斯坦共有 1537 所高中，共毕业 59.10 万高中生。乌兹别克斯坦也同样拥有多所高校，包括三种类型：大学，研究院及学院。据统计，2001 年全国共有 20.7 万大学生，9 年过后，2010 年在校大学生已达 28.97 万人。近年来，乌兹别克斯坦的中学入学率和高等教育入学率一直呈稳步上升趋势，这是国家大力发展教育的成果（图 2-12）。

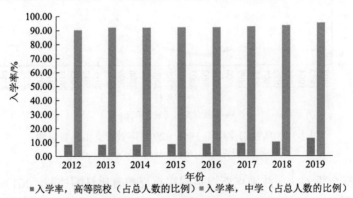

图 2-12 中学以及高等院校的入学率

数据来源于世界银行（https://data.worldbank.org.cn/）

2. 卫生事业发展

得益于乌兹别克斯坦实行的强有力的社会政策和保障措施，以及结合本国国情的医疗卫生体制系统改革，乌兹别克斯坦的国民预期寿命 1960 年的 58.84 岁稳步提升至 2019

年的 71.73 岁，态势良好（图 2-13）。

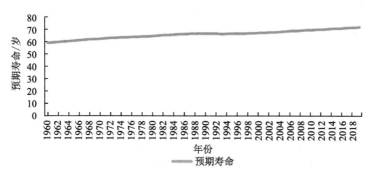

图 2-13　1960～2019 年乌兹别克斯坦国民预期寿命
数据来源于世界银行（https://data.worldbank.org.cn/）

尽管由于居民生育观念的转变等原因，乌兹别克斯坦的出生率由 1960 年的 44.07%大幅下降至 2019 年的 24.3%，但因经济向好发展导致生活条件的明显改善，人民身体素质明显增强。除此之外，乌国政府投入较多资金进行医疗卫生体系的建立和完善，并推行相应有力的社会保障政策，有效地降低自然死亡率。截至 2019 年，乌兹别克斯坦的死亡率仅为 4.6%，是 1960 年的 1/3，医疗卫生事业的成果显著（图 2-14）。

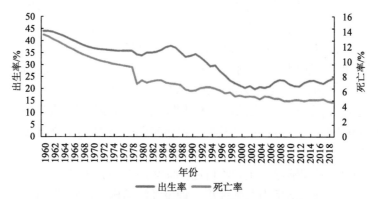

图 2-14　1960～2019 年乌兹别克斯坦每千人出生率及死亡率
数据来源于世界银行（https://data.worldbank.org.cn/）

乌兹别克斯坦医学历史悠久，十分重视医务人员的培养工作。世界第二次大战后，乌兹别克斯坦制定了以免费医疗、预防为主、面向广大劳动群众的保健制度。但自独立后，由于经济预算的不足，乌兹别克斯坦不得不减少对卫生医疗的投入，同时药品的缺少、农村流行性传染病的存在、流动人口健康状况不明等问题仍然困扰着乌政府，亟待解决。

例如，居民拥有的人均医疗条件不能满足病人需求、就医需求的问题，已困扰乌兹别克斯坦政府多年。尽管在乌政府各项积极政策和保障的推动下，乌兹别克斯坦的国民预期寿命与人口自然增长率均有所提高，但床位数和医生数却呈下降趋势。除了一些尚未统计数据的年份，从下图可以看出乌兹别克斯坦每千人医院床位数整体呈下降趋势，由 1990 年前后平均每千人 12.12 张降至 2014 年的 3.98 张，床位数量减少至原来的三分之一左右；　1985～

1990 年每千人内科医生数虽略有增加,由 1985 年的 2.69 位升至 1990 年的 3.39 位,但后期每千人内科医生数仍处于持续减少的态势,2014 年时每千人医生数仅为 2.37 位(图 2-15)。

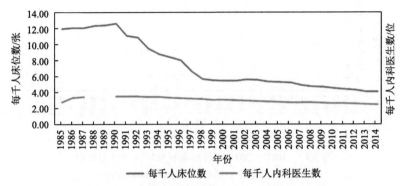

图 2-15　1985～2019 年乌兹别克斯坦每千人床位数与内科医生数

数据来源于世界银行(https://data.worldbank.org.cn/)

3. 经济产业发展

乌兹别克斯坦自然条件较差,土地耕地不足,全境地势东高西低。平原低地占全部面积的 80%,大部分位于西北部的克孜勒库姆沙漠,但是"四金",即黄金、"白金"(棉花)、"黑金"(石油)、"蓝金"(天然气)的资源储量丰富,采矿业也成为乌国的国民经济支柱产业。国内经济部门相对齐全,是中亚地区经济较为发达的地区,但由于经济结构较为单一,且经济发展多依赖能源出口,易受国际环境的影响。

在作为苏联加盟国的时期,乌兹别克斯坦是一个典型的农业国,农业、畜牧业较为发达,农业产值占国内总产值的 1/3,农业方面的就业人口大约占全部劳动力的一半,其中棉花为乌兹别克斯坦的主要经济作物。作为苏联加盟国时期,乌兹别克斯坦的棉花产量占前苏联的 2/3,生丝产量占前苏联生丝产量的 49%,洋麻产量占前苏联的 90% 以上,羊羔皮、蚕茧和黄金产量分别占前苏联的 2/3、1/2 和 1/3。但是轻工业不发达,62% 的日用品依靠其他共和国提供。建国后,乌兹别克斯坦为保障粮食的自给自足,减少了棉花的种植面积,产量有所下降。

独立以后,乌兹别克斯坦为发展经济,调整经济结构,开始利用自身矿产资源丰富的优势,大力发展工业、制造业及科技产业,希望从生产原料为主的传统经济结构,努力调整为重点发展现代工业、高技术高附加值产业和服务业的高端、稳定结构。确定经济结构调整的方向后,乌兹别克斯坦政府对于工业及科技产业提供了大量的帮扶政策,并放宽了外资投资的产业范围及政策限制,让乌兹别克斯坦在 2006 年时工业产值开始超过农业产值,逐渐步入工业国行列。

经济发展方面,以 1996 年为分界线,可以将乌兹别克斯坦的经济发展划分为两个阶段。

1996 年之前,乌兹别克斯坦的经济处于持续下滑阶段。相比 1991 年,1992～1995 年,乌兹别克斯坦的 GDP 总额下降了近 1/5。但从 1996 年开始,在完成了"小私有化"及"大私有化"改革的基础上,乌兹别克斯坦的基础工业部门产量大幅度上升,大型项目相继建成、投产,导致经济状况开始回春,形势一片大好。2004 年以后,得益于棉花、能源、矿产等国际市场价格增高,乌兹别克斯坦的经济有了阶段性的快速发展。2008 年全球经济危机时，乌兹别克斯坦迅速推出反危机措施，积极吸引外资和扩大就业，尤其重点引进高新技术产业，发展制造业、交通和基建，使得乌兹别克斯坦的经济未受太大影响。2008 年全球经济危机以后，乌兹别克斯坦继续依靠自身的资源禀赋优势以及逐渐调整的经济结构稳步发展本国经济，虽受国际油价及矿产资源价格变动影响，但 GDP 总量持续增加，经济发展态势良好（图 2-16）。

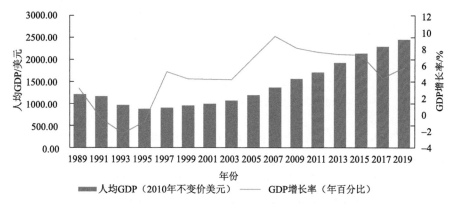

图 2-16　乌兹别克斯坦人均 GDP（2010 年不变价美元）及 GDP 增长率

数据来源于世界银行（https://data.worldbank.org.cn/）

从产业结构来看，乌兹别克斯坦从 1991 年独立到 2006 年，农业比例一直大于工业，2006 年开始，工业开始反超农业，但工业结构仍以资源开发为主，棉花、能源、黑色和有色金属的生产、加工和出口在国民经济中占主要地位。与此同时，第三产业增加值占 GDP 的比重也从 1987 年的 39.15% 左右增加到 2020 年的 43.33%，其中制造业增加值接近第三产业增加值的一半。据世界银行的数据统计，2020 年乌兹别克斯坦农业比例达 25.10%，工业比重达 31.57%，以制造业和服务业为主的第三产业比重达 43.33%（图 2-17）。制造业方面，乌兹别克斯坦目前还是以其他制造业为主，其次为食品、饮料和烟草行业，化学品行业对制造业增加值的贡献最小。对比 2013 年及 2019 年的制造业结构，可以发现，目前乌兹别克斯坦的化学品行业较 2013 年增加值占比有些许上升，机械和运输行业增加值占比基本持平，其他制造业发展态势则远好于其他四个行业，未来预计其他制造业仍会是乌兹别克斯坦制造业的发展重心和中心（图 2-18）。

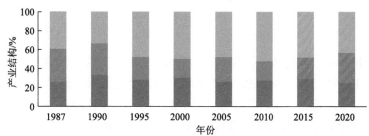

图 2-17　乌兹别克斯坦产业结构示意图

数据来源于世界银行（https://data.worldbank.org.cn/）

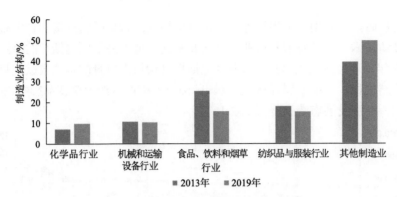

图 2-18 乌兹别克斯坦制造业结构示意图

数据来源于世界银行（https://data.worldbank.org.cn/）

产业结构的变化从就业人口分布上也可以发现。就业人口分布方面，建国以后，乌兹别克斯坦农业领域的就业人员占就业总数百分比持续下降，从 1991 年的 40.67%下降至 2019 年的 25.71%，工业就业人员比重维持在 21%～23%这个区间内，服务业就业人口比重则稳步上升，从 1991 年的 1/3 左右增加至 2019 年的 51.27%，成为乌兹别克斯坦的重要支柱产业（图 2-19）。

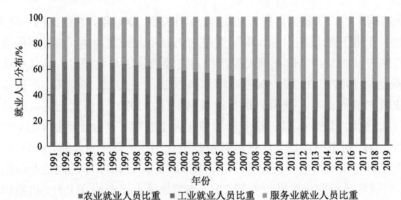

图 2-19 1991～2019 年乌兹别克斯坦农业、工业及服务业就业人员比重

数据来源于世界银行（https://data.worldbank.org.cn/）

4. 人类发展水平综合评价

人类发展指数是以教育水平、预期寿命和收入水平三项基础变量，得出的综合性指数。根据课题组对"一带一路"65 个共建国家的人类发展水平测算，"一带一路"共建国家人类发展指数均值为 0.64，乌兹别克斯坦的人类发展指数为 0.56；为进一步量化人类发展水平的区域差异，本节将区域内各栅格值进行标准化，使结果值映射到[0，1]之间，归一化后乌兹别克斯坦的人类发展指数为 0.71。整体上来看，乌兹别克斯坦的人类发展水平主要呈现"西高东低"态势（图 2-20、表 2-7）。

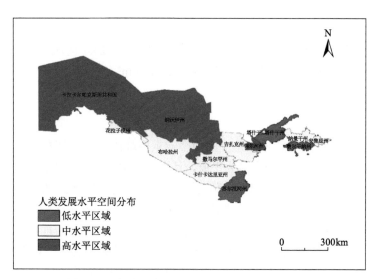

图 2-20 乌兹别克斯坦人类发展水平的空间分布

表 2-7 乌兹别克斯坦各分区人类发展指数分类评价

分区	州（共和国、直辖市）	数量/个	土地		人口		
			面积/km²	占比/%	数量/人	占比/%	人口密度/（人/km²）
人类发展低水平区域	苏尔汉河州 塔什干州 费尔干纳州	3	42362	9.54	59462	19.48	1.40
人类发展中水平区域	花拉子模州、布哈拉州 卡什卡达里亚州、撒马尔罕州 吉扎克州、塔什干 纳曼干州、安集延州	8	126732	28.54	182688	59.84	1.44
人类发展高水平区域	卡拉卡尔帕克斯坦共和国 纳沃伊州 锡尔河州	3	275009	61.92	37417	12.26	0.14

从图 2-20 可知，乌兹别克斯坦人类发展低水平区域的州共有 3 个，分别是苏尔汉河州、塔什干州以及费尔干纳州，其归一化人类发展指数均值为 0.696，是全国归一化人类发展指数的 0.98 倍；该区域总面积为 42362km²，占全国总面积的 9.54%；人口数为 59462 人，占全国人口比重的 19.48%，人口密度为 1.40 人/km²。

处于人类发展中水平区域的州及直辖市共有 8 个，分别为花拉子模州、布哈拉州、卡什卡达里亚州、撒马尔罕州、吉扎克州、塔什干、纳曼干州及安集延州，其归一化人类发展指数均值为 0.704，是全国平均人类发展指数的 0.99 倍；该区域总面积为 126732 km²，占全国总面积的 28.54%；该区域共有人口 182688 人，占全国人口的 59.84%，人口密度为 1.44 人/km²。

处于人类发展高水平区域的州及共和国共有 3 个，分别是卡拉卡尔帕克斯坦共和国、纳沃伊州和锡尔河州，该区域归一化人类发展指数均值为 0.71，与全国平均人类发展指数持平；该区域总面积为 275009km²，占全国总面积的 61.92%；区域内人口数量为 37417人，占全国总人口的 12.26%，人口密度仅为 0.14 人/km²。

2.2.2 交通通达水平评价

乌兹别克斯坦地处中亚腹地，是世上两个双重内陆国之一，拥有较为发达的交通网络，地势呈东高西低的特点，境内多为平原，且大部分位于西北部的克孜勒库姆沙漠。目前乌兹别克斯坦的运输方式主要包括公路运输、航空运输、铁路运输和管道运输，其中公路运输占比最大，且呈现逐年递增的趋势。以 2020 年为例，旅客运输方面，公路运输占比达到 99.10%，其次依次为地铁、电车、铁路、航空；货物运输方面，公路运输占比超90%，其次依次为管道运输、铁路运输和航空运输，占比分别为 5.16%、4.24%及不足 0.1%。

本节首先对乌兹别克斯坦的交通便捷度和交通密度的分布进行了分析，然后讨论了乌兹别克斯坦各州（自治共和国、直辖市）的交通通达度（transportation accessibility index，TAI）并进行了分级评价。

1. 交通便捷度评价

交通便捷度是指各地到主要交通设施的综合便捷程度，可以用各地到道路、铁路、机场和港口的最短距离来衡量。因为乌兹别克斯坦地处中亚腹部，是世界上的双内陆国之一，无港口，因此，在分析交通便捷度时不考虑到港口最短距离指数的影响。

乌兹别克斯坦平均归一化交通便捷指数为 0.79，便捷程度主要呈现"东高西低"的态势。其中，塔什干的归一化交通便捷指数最高，卡拉卡尔帕克斯坦共和国的归一化交通便捷指数最低，究其原因是卡拉卡尔帕克斯坦共和国的领土主要包括克孜勒库姆沙漠西北部，地理条件较为恶劣，交通基础设施的修建和维护均较为困难（图 2-21）。

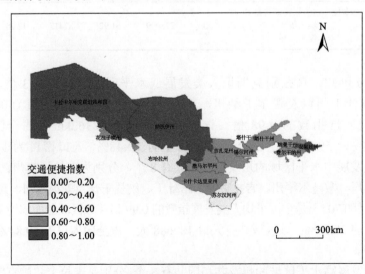

图 2-21　乌兹别克斯坦交通便捷指数的空间分布

研究乌兹别克斯坦各项交通便捷指数时，可以观察到乌兹别克斯坦全国归一化到公路最短距离指数为 0.90，塔什干为全国到公路距离最短的地区，其归一化到公路最短距离指数为全国平均水平的 1.08 倍，卡拉卡尔帕克斯坦共和国为全国到公路距离最长的地区，其归一化到公路最短距离指数为全国平均水平的 0.95 倍；乌兹别克斯坦全国归一化到铁路最短距离指数为 0.98，塔什干为全国到铁路最近的地区，其归一化到铁路最短距离指数为全国平均水平的 1.01 倍，卡拉卡尔帕克斯坦共和国为全国到铁路最远的地区，其归一化到铁路最短距离指数为全国平均水平的 0.98 倍；乌兹别克斯坦全国归一化到机场最短距离指数为 0.62，其中塔什干为全国到机场最近的地区，其归一化到机场最短距离指数为全国平均水平的 1.59 倍，纳沃伊州为全国到机场最远的地区，其归一化到机场最短距离指数为全国平均水平的 0.79 倍。

就乌兹别克斯坦各州、共和国及直辖市的交通便捷指数来说，可以从图 2-22 中发现，塔什干交通便捷度最高，该市距离公路、铁路、机场的距离都是最短，其次交通便捷度较高的地区为安集延州、花拉子模州和纳曼干州。塔什干作为乌兹别克斯坦首都和塔什干州首府，也是中亚地区第一大城市，是乌国经济最繁华的地区。该市拥有 3 条地铁线路、29 个地铁站，已经运行 35 年，线路相互交错，是重要的交通线路之一。其次，塔什干拥有中亚唯一的高速铁路，时速为 250km 的 Afrasiyob 高速列车运行于塔什干-撒马尔罕-卡尔希之间。乌兹别克斯坦境内最繁忙的机场——塔什干国际机场也位于塔什干境内，因此塔什干的交通便捷度最高。卡拉卡尔帕克斯坦共和国与纳沃伊州则受自然环境影响，地区内多为沙漠，且土地城市化率较低，交通较为不便，为全国交通最不便捷的地区。

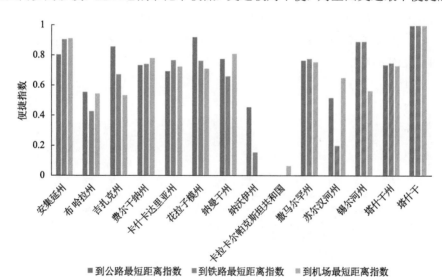

图 2-22 乌兹别克斯坦各分区便捷指数分项对比

2. 交通密度评价

交通密度是道路网、铁路网和水网密度的综合表征。乌兹别克斯坦平均归一化交通密度指数为 0.08，全国大部分地区的交通密度均处于较低水平。其中，塔什干归一化交通密度指数最高，是全国平均水平的 3.80 倍；而西北部的卡拉卡尔帕克斯坦共和国归一化交通密度指数最低，是全国平均水平的 0.80 倍，究其原因，是由于该地区受自然环境影响，境内多沙漠，道路及铁路密度较低，路政基础设施建设难度大且进度缓慢（图 2-23）。

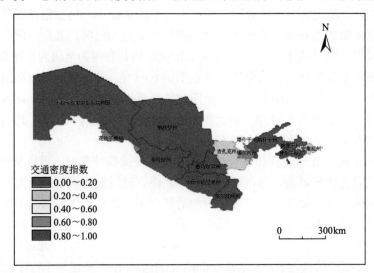

图 2-23　乌兹别克斯坦交通密度指数的空间分布

就乌兹别克斯坦各项交通密度指数（图 2-24）来说，全国归一化公路密度指数为 0.11，其中，塔什干为公路密度最高的地区，是全国平均水平的 3.81 倍；乌兹别克斯坦全国归一化铁路密度指数为 0.02，其中锡尔河州为铁路密度最高的地区，是全国平均水平的 4.23 倍；全国归一化水网密度指数为 0.01，其中花拉子模州为水网密度最高的地区，是全国平均水网密度的 8.60 倍。

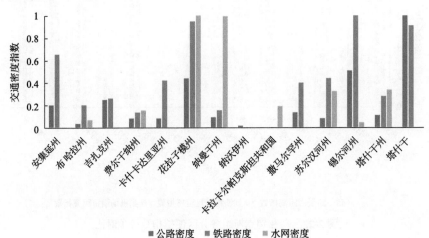

图 2-24　乌兹别克斯坦各分区密度指数分项对比

从乌兹别克斯坦各州的交通密度指数来分析，整体来看，塔什干是全国交通密度指数最高的地区，其交通密度指数接近全国平均交通密度指数的 4 倍，其次依次为锡尔河州和花拉子模州，分别为全国归一化交通密度的 2.65 倍和 2.63 倍，其余州均处于交通密度较低的水平。

3. 交通通达水平综合评价

交通通达水平是反映区域交通设施的通达程度的综合表征，是交通便捷度和交通密度的数学叠加。"一带一路"共建国家交通通达指数均值为 0.48，乌兹别克斯坦的交通通达指数为 0.44，属于较低水平，为了进一步量化乌兹别克斯坦交通通达水平的区域差异，本节将区域内各栅格值进行标准化，使结果值映射到[0，1]之间，乌兹别克斯坦归一化交通通达指数均值为 0.45，东部整体交通通达水平较高，中东部地区整体交通通达水平中等，西部及地区整体交通通达度较低，地区间交通通达水平差异较大，约有 1/5 地区属于交通通达高水平区域（图 2-25 和表 2-8）。

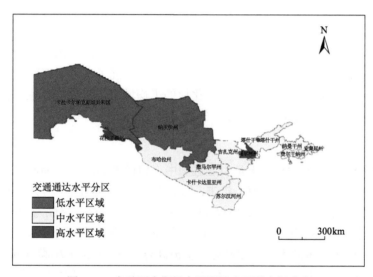

图 2-25　乌兹别克斯坦交通通达水平的空间分布

分析后发现，乌兹别克斯坦处于交通通达低水平区域的地区共有 2 个，分别是卡拉卡尔帕克斯坦共和国及纳沃伊州，其归一化交通通达指数均值为 0.41。该区域土地面积合计 270733km²，占全国土地面积的 60.96%；该区域共有 28954 人，占全国总人口数的 9.48%，人口密度仅为 0.11 人/km²。

处于交通通达中水平区域的地区共有 9 个，分别为布哈拉州、卡什卡达里亚州、撒马尔罕州、吉扎克州、纳曼干州、安集延州、费尔干纳州、苏尔汉河州及塔什干州，其归一化交通通达指数均值为 0.51。该区域土地面积合计 162303km²，占全国总面积的 36.55%；区域内人口合计 223485 人，占全国总人口数的 73.21%，人口密度为 1.38 人/km²。

处于交通通达高水平区域的地区共有 3 个，分别为花拉子模州、锡尔河州及塔什干，其归一化交通通达指数均值为 0.58。该区域总面积合计 11067km²，占全国总面积的 2.49%；区域内共有人口 52845 人，占全国总人数的 17.31%，人口密度为 4.78 人/km²。

表2-8　乌兹别克斯坦各地区交通通达水平指数分类评价

分区	州（共和国、直辖市）	数量/个	土地		人口		
			面积/km²	占比/%	数量/人	占比/%	人口密度/（人/km²）
交通通达低水平区域	卡拉卡尔帕克斯坦共和国纳沃伊州	2	270733	60.96	28954	9.48	0.11
交通通达中水平区域	布哈拉州、卡什卡达里亚州撒马尔罕州、吉扎克州纳曼干州、安集延州费尔干纳州、苏尔汉河州塔什干州	9	162303	36.55	223485	73.21	1.38
交通通达高水平区域	花拉子模州锡尔河州塔什干	3	11067	2.49	52845	17.31	4.78

2.2.3　城市化水平评价

本节中城市化水平是用人口城市化率和土地城市化率来体现的，通过城市化指数（urbanization index，UI）来表达。本节首先分别定量研究了乌兹别克斯坦的人口城市化和土地城市化的变化特征，最后根据归一化后的平均城市化指数，对乌兹别克斯坦各州（共和国、直辖市）的城市化水平进行了分级评价。

1. 人口城市化率

从人口状况看，乌兹别克斯坦是中亚五国中人口最多的国家。1960～2019年，乌兹别克斯坦的人口显著增长，到2019年末，人口总数已达3358.03万人，其中城市人口1693.6万，占比50.4%，农村人口1664.43万人，占比49.6%；男性为1674.8万人，占比49.9%，女性为1683.2万人，占比50.1%，男女人口数量的比例基本平衡。人口年增长率在1960～1990年间整体呈下降趋势，从最高点1967年的3.7%降至最低点1989年的2.4%，但仍保持较高增速；1991～2019年，总人口年均增长率大致稳定在1%～2%之间，相较于独立前，增长速度急剧下降（图2-26）。

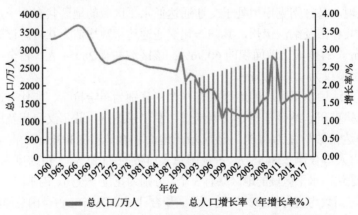

图2-26　1960～2019年乌兹别克斯坦人口总数及年增长率情况

数据来源于世界银行（https://data.worldbank.org.cn/）

由于乌兹别克斯坦特殊的国情和当地特有的文化，人们更倾向于居住在农村，导致大约一半的人口都生活在农村，乌兹别克斯坦的人口城市化率也因此较低。人口城市化率最高的地区是塔什干、费尔干纳和泽拉夫尚地区（图 2-27）。

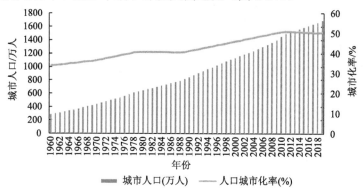

图 2-27　1960～2019 年乌兹别克斯坦人口城市化水平

自 1960 年以来，乌兹别克斯坦人口城市化率稳步提升，但仍处于较低水平。据世界银行统计，乌兹别克斯坦 1960 年城市人口为 289.71 万人，人口城市化率仅为 34%；2019 年城市人口 1693.56 万人，人口城市化率为 50%，仍低于世界平均人口城市化率。1960～2019 近 40 年间，虽然人口城市化率年均增长 0.30%，人口城市化水平稳定提升，但增长仍较为缓慢。

20 世纪 90 年代以后，以大型工业城市为基础、小型和中型城市和城镇联合形成的城市集群的出现对推动人口城市化水平的提高起到了重要作用，因此 1991～2019 年间乌兹别克斯坦的人口城市化率持续提升，至 50%左右。

由图 2-28 也可以看出，乌兹别克斯坦人口城市化水平高的地区集中于锡尔河州、塔什干州、塔什干以及安集延州。这些地区均是乌兹别克斯坦境内经济较为发达，交通较为便利的区域，人口密度达到了 3.9 人/km²。卡什卡达里亚州、纳曼干州、费尔干纳州的人口城市化水平较高。

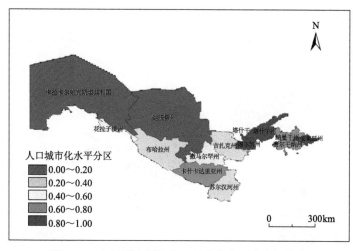

图 2-28　乌兹别克斯坦人口城市化水平的空间分布

2. 土地城市化率

约有 30 万 km² 的克孜勒库姆沙漠主要位于乌兹别克斯坦境内，大致覆盖其中部地区，加之乌兹别克斯坦境内地区间的自然条件差异较大，人口分布较为不均，主要集中在东部，导致整体的土地城市化率水平较低。

因乌兹别克斯坦主要用地为农业用地，故可根据农业用地的占地比例变化反推出其城市建设用地的比例变化趋势。根据世界银行的统计数据，1992～2018 年乌兹别克斯坦的农村用地占土地面积的比率整体呈下降趋势，从 1992 年的 65.17%下降至 2018 年的 58.06%，从侧面可以反映出，尽管城市建设用地的比例在十几年间有所提升，但涨幅程度仍待提高（图 2-29）。

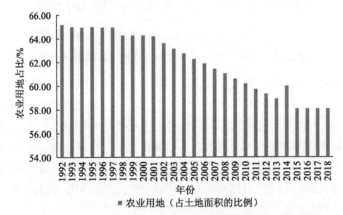

图 2-29　1992～2018 年乌兹别克斯坦农村用地占比率

数据来源于世界银行（https://data.worldbank.org.cn/）

由乌兹别克斯坦土地城市化水平的空间分布图可知，乌兹别克斯坦整体土地城市化处于低水平区域，仅塔什干处于土地城市化的高水平，安集延州处于土地城市化利用的中低水平（图 2-30）。

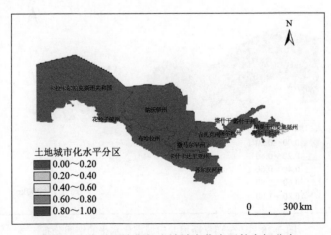

图 2-30　乌兹别克斯坦土地城市化水平的空间分布

3. 城市化水平综合评价

经课题组对"一带一路"共建国家的城市化指数进行测算，其均值为 0.15，乌兹别克斯坦的均值为 0.12，属于城市化较低水平区域。为了进一步量化乌兹别克斯坦城市化水平的区域差异，本节将区域内各栅格值进行标准化，使结果值映射到[0,1]之间，乌兹别克斯坦归一化城市化指数均值为 0.15；总体上看，各地区城市化水平差异较大，整体呈现"东高西低"的态势（图 2-31、表 2-9）。

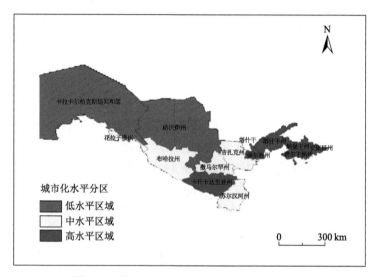

图 2-31　乌兹别克斯坦城市化水平的空间分布

表 2-9　乌兹别克斯坦各地区城市化指数分类评价

分区	州（共和国、直辖市）	数量/个	土地		人口		
			面积/km²	占比/%	数量/人	占比/%	人口密度/（人/km²）
城市化低水平区域	卡拉卡尔帕克斯坦共和国纳沃伊州	2	270733	60.96	28954	9.48	0.11
城市化中水平区域	布哈拉州、花拉子模州撒马尔罕州、吉扎克州苏尔汉河州	5	106452	23.97	116790	38.26	1.10
城市化高水平区域	安集延州、卡什卡达里亚州纳曼干州、费尔干纳州锡尔河州、塔什干州塔什干	7	66918	15.07	159540	52.26	2.38

根据对乌兹别克斯坦的城市化分析可知，共有 2 个地区属于城市化低水平区域，分别为卡拉卡尔帕克斯坦共和国及纳沃伊州，该区域归一化城市化指数为 0.04。区域占地

面积合计 270733km²，占全国土地面积的 60.96%；区域内人口合计 28954 人，占全国总人数的 9.48%，人口密度仅为 0.11 人/km²。

处于城市化中水平区域的地区共有 5 个，分别为布哈拉州、花拉子模州、撒马尔罕州、吉扎克州和苏尔汉河州，区域内归一化城市化指数均值为 0.24。中水平区域占地面积合计 106452km²，占全国总面积的 23.97%；区域内共有人口数 116790 人，占全国总人口的 38.26%，人口密度为 1.10 人/km²。

处于城市化高水平阶段的地区共有 7 个，分别为安集延州、卡什卡达里亚州、纳曼干州、费尔干纳州、锡尔河州、塔什干州及塔什干，该区域的归一化城市化指数为 0.47。区域共占地 66918km²，占全国总面积的 15.07%；区域内人口数为 159540 人，占全国总人口的 52.26%，人口密度为 2.38 人/km²。

2.2.4 社会经济发展水平综合评价

"一带一路"共建国家社会经济发展指数均值为 0.08，乌兹别克斯坦的均值为 0.06，属于中低水平区域。为了进一步量化乌兹别克斯坦社会经济发展水平的区域差异，本节将区域内各栅格值进行标准化，使结果值映射到[0，1]之间。

乌兹别克斯坦归一化社会经济发展指数均值为 0.07，社会经济发展水平存在严重的两极化趋势；根据归一化的社会经济发展指数数值特征，我们采用聚类分析法，并结合专家意见，将乌兹别克斯坦的 14 个州按其社会经济发展水平，分为低水平、中水平和高水平三类地区，并基于前文结论，进一步分析了各州社会经济发展的限制性因素（图 2-32，表 2-10）。

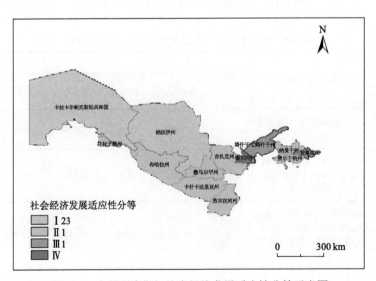

图 2-32 乌兹别克斯坦社会经济发展适应性分等示意图

表 2-10　乌兹别克斯坦各地区社会经济发展水平分类及综合评价

分区	分类	州（共和国、直辖市）	HDI	TAI	UI	SDI	数量/个	土地		人口		
								面积/km²	占比/%	数量/人	占比/%	人口密度/（人/km²）
社会经济发展低水平区域（Ⅰ）	T&U 限制型（Ⅰ23）	卡拉卡尔帕克斯坦共和国 纳沃伊州	0.708	0.414	0.040	0.946	2	270733	60.96	28954	9.48	0.11
社会经济发展中水平区域（Ⅱ）	H 限制型（Ⅱ1）	布哈拉州、费尔干纳州 卡什卡达里亚州、 花拉子模州 撒马尔罕州、纳曼干州 苏尔汉河州、吉扎克州	0.702	0.514	0.297	1.076	8	149206	33.60	181454	59.44	1.22
社会经济发展高水平区域（Ⅲ）	H 限制型（Ⅲ1）	安集延州 塔什干州、塔什干	0.699	0.535	0.514	1.194	3	19888	4.48	86413	28.31	4.34
	无限制（Ⅳ）	锡尔河州	0.722	0.570	0.603	1.256	1	4276	0.96	8463	2.77	1.98
	小计		0.708	0.547	0.546	1.215	4	24164	5.44	94876	31.08	3.93

注：H 人类发展水平，T 交通通达水平，U 城市化水平。

1. 社会经济发展低水平区域

处于社会经济发展低水平区域的地区共有 2 个，是受交通通达水平及城市化双重限制（Ⅰ23）的卡拉卡尔帕克斯坦共和国及纳沃伊州，区域面积合计 270733km²，占全国土地面积的 60.96%；人口总数为 28954 人，占全国总人口数的 9.48%，人口密度仅为 0.11 人/km²。

·T&U 限制型（Ⅰ23）

卡拉卡尔帕克斯坦共和国及纳沃伊州两地区主要受交通通达水平及城市化水平的双重限制（Ⅰ23），导致经济社会发展较为落后。两州的归一化交通通达指数分别为 0.41 及 0.43，属于交通通达低水平区域；归一化城市化指数分别为 0.03 及 0.06，也属于城市化低水平区域。究其原因，是卡拉卡尔帕克斯坦共和国及纳沃伊州两地区受自然条件限制，境内多为沙漠，城市基础设施建设程度较低，维修的成本也较高，已建成的基础设施使用年限长，设备较为老旧，交通便捷度及交通密度均属于全国低水平区域。除此之外，两州的经济均属于乌兹别克斯坦各地区经济发展的中等偏低水平，城市人口数量较少，又受到自然环境的严重限制，属于地广人稀的区域，人口城市化率及土地城市化率均较低。综上原因，卡拉卡尔帕克斯坦共和国及纳沃伊州两地区交通通达水平及城市化水平较低，限制了两州的社会经济发展。

2. 社会经济发展中水平区域

处于社会经济发展低水平区域的地区共有 8 个，全部受人类发展水平限制（Ⅱ1），分别为布哈拉州、费尔干纳州、卡什卡达里亚州、花拉子模州、撒马尔罕州、苏尔汉河州、纳曼干州和吉扎克州，其中费尔干纳州及苏尔汉河州受人类发展水平限制严重。社会经济发展中水平区域面积合计 149206km²，占全国土地面积的 33.60%；人口总数为 181454 人，占全国总人口数的 59.44%，人口密度为 1.22 人/km²。

·H 限制型（Ⅱ1）

费尔干纳州及苏尔汉河州受人类发展水平限制严重，两州归一化人类发展指数均为 0.69，属于人类发展低水平区域。结合两州的具体情况来看，两州的人类发展水平主要受经济水平限制。

两州均以农业为经济主导产业，费尔干纳州主要是植棉业、葡萄种植业、园艺业，州内有 3 个大型灌溉系统，畜牧业以发展牛羊肉奶生产为主；苏尔汉河州主要部门是植棉业、养蚕业、园艺业和草地畜牧业，该州是细纤维棉花的主要产地，其他农产品包括谷物和稻米等。工业方面，两州则均是以轻工业为主，如食品加工业（榨油、水果、蔬菜、葡萄酒、肉奶制品等）、缝纫纺织业等，虽然近年来以石油、天然气等为主要采集物的采矿业有所发展，经济增速较快，但因其生产总值仅占全国 GDP 的 4.73%（2020 年），目前仍受经济发展水平的影响较大。

苏尔汉河州的医疗卫生条件对该州的人类发展水平也有一定限制性影响。以 2020 年为例，乌兹别克斯坦 2020 年的人均预期寿命为 73.4 岁，苏尔汉河州的人均寿命为 73.3 岁，略低于全国平均水平，同时，可能受新冠疫情影响，该州人均预期寿命的数值接近近十年来的最低点。费尔干纳州 2020 年的人均预期寿命为 74.5 岁，虽然高于全国平均预期寿命，但也处于近十年来的较低水平。

布哈拉州、卡什卡达里亚州、花拉子模州、撒马尔罕州、吉扎克州及纳曼干州的社会经济发展进程主要受人类发展水平限制，虽然限制程度一般，但这 6 个州的人类发展水平均未达到乌兹别克斯坦经济发展的平均水平，归一化人类发展指数均在 0.70 左右。

主要受经济发展水平限制的地区有布哈拉州、吉扎克州及纳曼干州。布哈拉州和纳曼干州 2020 年较 2019 年的 GDP 增速分别为 101.9、105.0，虽然略高于乌兹别克斯坦全国的年增速率，但两州 2020 年的 GDP 总量分别占乌兹别克斯坦 GDP 总量的 5.98%、5.29%，均较低水平，因此目前仍受经济发展水平的影响较大。吉扎克州归一化人类发展指数为 0.70，低于全国的平均水平。结合实际情况分析后可发现，吉扎克州主要是受经济条件限制。吉扎克州北部为沙漠和草原，南部为高山，自然条件较差。该州以农业为主要经济支柱，农业产值可占总产值的四成，主要种植棉花、谷物、果树产品等，工业等其他产业均不发达，属于乌国境内经济发展较为缓慢的地区。以 2020 年为例，吉扎克州的 GDP 仅占全国 GDP 总量的 3%，经济增长速度较其他州而言也较为缓慢。吉扎克州的人口也属于中等偏低的水平，人口密度仅为 0.65 人/km²。经济水平较低也导致了该州政府在医疗卫生领域及教育领域的可投入资金较少，从而全面影响了吉扎克州的人类发展水平。

花拉子模州主要受医疗条件和经济发展水平的影响，以 2020 年的人均预期寿命为例，该州预期寿命仅为 72.2 岁，低于乌兹别克斯坦全国平均的 73.4 岁，是全国预期寿命倒数第二短的地区。花拉子模州矿产资源贫乏，主要以农业和旅游业为支柱产业，工业则是以棉花和食品加工等轻工业为主。该州 2020 年 GDP 仅占乌兹别克斯坦全国 GDP 总量的 4.10%，增速一般，略高于全国平均增速的 101.7。

卡什卡达里亚州、撒马尔罕州两州经济水平、医疗水平及教育水平均处于全国中等，无明显限制因素，但也无明确可拉动人类发展水平提高的因素。两州 2020 年的 GDP 总量分别为 36.01 万亿苏姆（约合 3.32 万亿美元）、43.83 万亿苏姆（约合 4.05 万亿美元），经济增速水平在全国也处于略高的水平，如两个地区 2020 年较 2019 年的 GDP 增速均略高于全国平均增速。卡什卡达里亚州 2020 年预期寿命为 74.4 岁，高于全国平均预期寿命，撒马尔罕州则与全国的人均寿命持平。教育方面，撒马尔罕州拥有数量颇多的普通学校、中等专业学校、职业技术学校、高校、学前教育机构，以高等院校为例，撒马尔罕国立大学、撒马尔罕巴甫洛夫医学院、撒马尔罕农学院等诸多学府坐落于撒马尔罕州。

3. 社会经济发展高水平区域

乌兹别克斯坦处于社会经济发展高水平区域共有四个，包括安集延州、塔什干州、塔什干及锡尔河州，其中安集延州、塔什干州、塔什干三个地区主要受人类发展水平限制（III1），而锡尔河州则不受人类发展水平、交通通达水平和城市化水平的限制（IV），三个因素均属于发展高水平的区域。社会经济发展高水平区域的土地面积合计 24164 km²，占全国总面积的 5.44%；区域内共有人口 94876 人，占全国总人口的 31.08%，人口密度为 3.93 人/km²。

· H 限制型（III1）

安集延州、塔什干州、塔什干三个地区主要受人类发展水平限制，三个因素中经济因素影响最大，并且安集延州是三州中受经济因素影响最大的州。因为该州的 GDP 占比，较另外两个地区来说较少，只有 7.31%，塔什干州、塔什干两个地区的 GDP 占乌国 GDP 合计接近 30%，三个地区的经济增速接近，但安集延州的经济水平影响最大。

医疗条件与教育条件对安集延州、塔什干州、塔什干三个地区的影响相对较少，因为这三个地区是乌兹别克斯坦国内经济最繁荣的地区之一，可用来维护医疗系统及教育系统的资金较多，医疗条件与教育条件较其他地区来说水平较高。除此之外，乌兹别克斯坦国内大部分医院及高等院校均处于安集延州、塔什干州、塔什干三个地区，平均教育水平在国内也属于较高的地区。

· 无限制（IV）

锡尔河州是乌兹别克斯坦境内唯一一个在社会经济发展方面不受任何因素限制的地区，其归一化人类发展指数、交通通达指数、城市化指数分别为 0.71、0.58、0.60，均处于乌兹别克斯坦各地区的前三名。锡尔河州面积为 4276km²，占全国土地总面积比重不足 1%，地区内人口数为 8463 人，约占 2.77%，人口密度为 1.98 人/km²。该州主要工业部门是棉花加工工业，其次为机械制造、金属加工、建材、食品等工业，在轻工业中，轧棉业和缝纫业比重较大，植棉业为主要的农业部门。

2.3 问题与对策

2.3.1 关键问题

乌兹别克斯坦共和国自 1991 年建国以来，始终关注医疗、教育、经济发展等领域，并取得了一些进展，除此之外，凭借自身优越的资源禀赋，乌兹别克斯坦逐渐调整、找准定位，从一个农业国转变成为了一个能源出口国，并继续以建设高技术、产品高附加值的现代型国家的方向而努力。目前，乌兹别克斯坦仍有以下问题亟待解决：

第一，人类发展水平整体较低是目前限制乌兹别克斯坦整体社会经济发展的最主要因素之一。

首先是经济结构发展的不全面。虽然通过近年来的努力，乌兹别克斯坦的经济得到一定的发展，但是目前整个国家的经济支柱仍是以采矿业、农业和轻工业如纺织、羊毛制品加工、食品产业加工等产业，没有较多技术性企业，同时缺少高附加值的产品的开发。

其次是医疗和教育体系资金投入的不足。虽然在作为苏联加盟国时，乌兹别克斯坦的基础教育普及工作及医疗保障系统有着广泛而良好的基础,但受经济发展水平的制约，国内始终存在教育资金及医疗资金投入不足的问题。医疗方面，主要是资金投入不足、医疗方面相关人才的缺失以及国产药物研究进展的缓慢。建国后，乌兹别克斯坦整体医疗制度改革方向是由"国家化"转为"私有化"。乌兹别克斯坦政府为减轻国家财政负担、提高资金利用效率，对本国的医疗卫生制度进行改革，将部分医疗卫生机构出售给私人，同时下放卫生管理权限、改革卫生教育体系，希望大力培养全科医生和医药人才，满足基层初级诊疗要求和国民的药物需求。但是目前看来，当前的医疗体系对于国民的日常需求来说仍是一大负担。目前乌国的医药大量依靠进口，国内的医药产业仍处于初级开发阶段，集成的医疗卫生专业人才也不能满足国民的日常需要，如乌兹别克斯坦的每千人床位数仍处于逐年减少的趋势。教育方面，因政府资金投入不足及教育系统过于死板，乌兹别克斯坦的教师大多照本宣科、教学方式老套，不能在课堂上为学生提供好的学习体验，导致学习效率较低。除此之外，教师的教育背景良莠不齐、全国各地的教学基础设施差别巨大等因素直接导致教师队伍质量下降和教育水平的整体下降。

第二，交通通达方面，主要问题集中于基础设施不足及老旧，以及交通网络主要集中于塔什干地区。乌国因地理条件的原因，大多以公路和铁路为主要通达及运输方式，部分地区因境内多为沙漠，只有基础性道路，整体路况让人担忧，日常保养的经费也经常不能按时、准确拨付。铁路里程数近年来也变化较小，全国仅有一条塔什干—撒马尔罕高铁线，时速 150km 左右。交通基础设施大多使用年限较长，如乌现有铁路机车大部分为苏联时期的内燃机车，安全隐患较大且影响运输效率，严重影响交通通达水平。航空方面，由于双重内陆国的特殊地理位置，航空运输对于乌兹别克斯坦而言意义重大，在前苏联时期，乌兹别克斯坦就享有"航空港"之美称，也是中亚地区唯一能生产飞机的国家。乌兹别克斯坦全国共有 53 个机场，除国内连接各州的航线外，与中国、日本、韩国、欧洲、美国及独联体大部分国家均有定期航班。但是，目前乌兹别克斯坦境内的交通网络，大多集中于塔什干地区，虽然其他经济较为发达地区也有修建中的项目，总体来说交通密度和便捷度均较低，不足以满足国民的日常需求。

第三，目前乌兹别克斯坦整体城市化进程较慢。受地理位置及气候影响，乌兹别克斯坦近半数土地不适宜人类居住，地广人稀，且目前乌兹别克斯坦的土地利用类型还是以农业和畜牧业为主，土地城市化率较低。又因自身文化及社会经济发展原因，人口大多集中于农村及经济较为发达的地区，如塔什干，社会经济发展两极化较为严重，整体人口城市化率较低，空间分布上差异较大。

2.3.2 对策建议

进入新世纪以来，乌兹别克斯坦通过调整经济结构、坚持治国"五项基本原则"、积极引进国外资本投资建厂举措，使得乌国的经济发展取得了一定成效，社会保持稳定，国民生活满意度以及生存条件都有较大的提升，但目前乌兹别克斯坦在社会经济方面仍有诸多问题，结合乌兹别克斯坦的实际情况，提出以下建议：

第一，人口和社会保障方面，受生育观念改变及经济发展等因素影响，目前乌兹别克斯坦的人口自然增长率呈现出逐年下降的趋势，虽然乌国政府为推动生育率推行了一系列政策，如为年轻家庭提供低息贷款等，但收效仍不明显。建议乌政府继续推行鼓励人口增长的政策和措施，加大教育和医疗卫生相关产业投资，建立完整的社会保障体系，点对点地、更加精准地培养目前急需的人才和产业，加快人才培养的周期流转，实现人口高质量增长。未来，乌兹别克斯坦应继续将人才培养和优化产业结构摆在经济、社会发展的重要位置，增强国家的科研实力及成果转化能力，完善目前拥有的产业链条，同时发展本国的代表性产业，提高产品附加值，将经济建设重心从能源、矿产出口行业转移到依靠科技进步和技术转型的轨道上来，保障经济结构的稳定性及抗风险能力。

第二，产业结构调整与升级方面，要突破双重内陆的制约，重建中亚腹地上的通衢要道，就必须加强基础设施建设，开展国际合作，畅通各种经济要素的空间流动。乌兹别克斯坦应积极参加"一带一路"项目，引进优质资本和技术对本国主要产业进行结构调整和升级，以满足日益增加的国际需求。同时，注重提高经济发展的质量和综合效率，加强国际间的合作与交流，积极发挥自身的地缘优势，推动本国优势行业走出去，保障交通运输业、农业和采矿业有序、平稳发展，从而进一步拉动本国经济发展。为吸引更多企业入驻乌国、提高市场的运行效率，乌国政府应尽快建设、完善交通运输网络，着重发展水、电和通信等基础设施建设和更新迭代，从而增加货物和服务的流动性，促进企业扩大生产，增加赢利能力。

第三，依靠自身地理位置及自然资源、人文资源的独特优势，加强国际合作，加快促进旅游业、特色商业等第三产业的发展。乌兹别克斯坦作为古丝绸之路上的文明古国，境内拥有诸多的古代建筑遗址、历史和文化古迹，并因独特的地理位置优势，动植物资源丰富，自然风光优美。旅游业作为朝阳产业，不仅在拉动内需、推进产业结构调整、促进贫困地区发展、提高人民生活质量等方面作出了突出贡献，在扩大社会就业、缓解就业压力方面也发挥了巨大作用。乌兹别克斯坦政府境内沙漠、河谷、山区相结合，为发展旅游业开辟了广阔前景，乌政府也发现了本国发展旅游业的光明前景和明显优势。但因宣传不够、国际知名度低等原因，在国际上，乌兹别克斯坦不是诸多旅行者的首选目的地。乌兹别克斯坦应与国际旅游组织机构、外国旅游公司积极合作，研究如何开发旅游资源和知名旅游景点，制定、完善相关的法律法规和服务标准，同时重点关注人才培养，增加本国宣传资金，面向目标群体有针对性地扩大宣传范围，争取在世界旅游市场上打开市场、站稳脚跟。

2.4　本章小结

乌兹别克斯坦作为"一带一路"的重要节点国家，也是向西延伸的必经之路，拥有着珍贵的人文和自然资源。整个国家地势东高西低，大部分为平原，西北部为克孜勒库姆沙漠，东部和南部以山脉为界，是典型的干旱大陆性气候，虽然是中亚五国中人口最多的国家，但仍算是地广人稀。能源禀赋丰富，石油、天然气、黄金等资源出口量较大，工业基础较差，第三产业正处于蓬勃发展时期。从社会经济发展角度来说，乌兹别克斯坦人类发展水平一般，大多地区主要受经济发展水平限制，交通通达度略低，主要以公路和铁路运输为主，但基础设施老旧且主要集中在经济发达地区，城市化进程较慢，城市人口主要集中于首都及经济较繁荣地区，多数土地仍为农用地。整体上来看，乌兹别克斯坦的社会经济发展水平存在严重的两极化趋势，整体呈现"东高西低"的态势，安集延州、塔什干州、塔什干及锡尔河州四个地区的社会经济发展水平整体高于其他地区。

因此，有必要坚持继续开展人口增长政策，促进人口数量稳步增长；应增加医疗领域的资金投入，加快完善医疗卫生体系，同时改进目前的教育体系，跟上知识革新的步伐，提高劳动力素质，培养更多专业的技术型人才，为产业升级提供坚实的保障；要从交通基础设施建设、教育资源配备及产业布局等多角度，配合本国地理位置及资源禀赋优势，促进相关行业发展，从而缩小区域差异，实现国家各个地区均衡发展，带动更多国民就业。除此之外，建议对接中国"一带一路"倡议，借助自身地理、文化等方面的优势，有方向、有计划地合理规划、发展本国经济，调整产业结构，使得乌兹别克斯坦综合经济社会水平全面提升。

第 3 章　人居环境适宜性评价与适宜性分区

乌兹别克斯坦人居环境适宜性与分区评价，是在基于地形起伏度的地形适宜性评价、基于温湿指数的气候适宜性评价、基于水文指数的水文适宜性评价、基于地被指数的地被适宜性评价 4 个单要素自然适宜性评价的基础上，利用地形起伏度、温湿指数、水文指数、地被指数加权构建人居环境指数，同时根据地形适宜性、气候适宜性、水文适宜性与地被适宜性 4 个单要素自然适宜性分区评价结果进行因子组合，基于人居环境指数与因子组合相结合的方法完成乌兹别克斯坦人居环境适宜性评价。人居环境适宜性评价是开展区域资源环境承载力的基础评价，旨在摸清区域资源环境的承载"底线"。本章所用的乌兹别克斯坦 1km×1km 人居环境地形适宜性、气候适宜性、水文适宜性、地被适宜性及其单要素评价结果，以及人居环境指数和基于人居环境指数的人居环境适宜性评价与分区结果，均来源于《绿色丝绸之路：人居环境适宜性评价》（封志明 等，2022）。该书稿是绿色丝绸之路共建国家人居环境适宜性评价研究成果的综合反映和集成表达。

3.1　地形起伏度与地形适宜性

地形适宜性（suitability assessment of topography，SAT）是人居环境自然适宜性评价的基础与核心内容之一，它着重探讨一个区域地形地貌特征对该区域人类生活、生产与发展的影响与制约。地形起伏度（relief degree of land surface，RDLS），又称地表起伏度，是区域海拔和地表切割程度的综合表征。作为影响区域人口分布的重要因素之一，本书将其纳入乌兹别克斯坦人居环境地形适宜性评价体系。在系统梳理国内外地形起伏度研究的基础上，本书采用全球数字高程模型数据（ASTER GDEM，http://reverb.echo.nasa.gov/reverb/）构建了人居环境地形适宜性评价模型，利用 ArcGIS 空间分析等方法，提取了乌兹别克斯坦 1km×1km 栅格大小的地形起伏度；并从海拔等方面开展了乌兹别克斯坦人居环境地形适宜性评价。

地形起伏度（RDLS）试图定量刻画区域地形地貌特征，可以通过海拔和平地比例等基础地理数据来定量表达。基于 GIS 空间统计获取了乌兹别克斯坦的平均海拔及其空间分布状况，为地形起伏度分析研究提供了基础。

3.1.1　地形起伏度

在获取乌兹别克斯坦 GDEM 数据基础上，根据其 1km GDEM 地形分布，基于海拔与平地等并采用窗口分析法与条件（con）函数等空间分析方法，对乌兹别克斯坦的地形起伏度进行提取分析。

　　基于地形起伏度统计分析，乌兹别克斯坦地形起伏度以低值为主，平均地形起伏度为 0.37，地形起伏度介于 0~7.0，整体地域差异性小，局部差异性大。空间上，低地形起伏度广泛分布在乌兹别克斯坦中西部地区，主要地貌类型为平原、盆地和沙漠。相对高值则集聚于东北部及东南部少数山区。

　　统计表明，当地形起伏度为 0~1.0 时（即 RDLS≤1.0），其土地占比超过 92%。当 RDLS 在 2.0 以下（即 RDLS≤2.0），土地占比达 95.1%。就各州而言，纳曼干州的地形起伏度介于 0.36~5.37（平均值为 1.27），山地分布较多；花拉子模州平均地形起伏度最低，为 0.11，州内地形起伏度介于 0.08~0.18，坐落于平原地区；纳沃伊州平均地形起伏度为 0.18，布哈拉州、锡尔河州和安集延州平均地形起伏度介于 0.2~0.55，皆分布于平原区。

3.1.2　地形适宜性评价

　　根据乌兹别克斯坦地形起伏度的空间分布特征，完成地形起伏度的人居环境地形适宜性评价。结果表明，乌兹别克斯坦地形适宜度较高，适宜类型由西向东从地形高度适宜地区向地形一般适宜地区过渡。乌兹别克斯坦地形中以地形高度适宜地区面积占比最大，为 53.90%，与地形比较适宜和地形一般适宜地区共占全境面积的 97.3%；地形不适宜地区最少，不足总面积的 1%，与地形临界适宜地区共占全境总面积的 2.7%（表 3-1，图 3-1）。

表 3-1　乌兹别克斯坦地形适宜性评价结果　　　　　　　　（单位：%）

行政区	高度适宜	比较适宜	一般适宜	临界适宜	不适宜
安集延州	0.00	98.41	1.59	0.00	0.00
布哈拉州	63.22	36.78	0.00	0.00	0.00
吉扎克州	0.00	81.64	14.83	3.44	0.09
费尔干纳州	0.00	95.32	4.27	0.41	0.00
卡什卡达里亚州	0.00	73.58	17.55	7.63	1.24
花拉子模州	100.00	0.00	0.00	0.00	0.00
纳曼干州	0.00	67.63	19.99	12.05	0.33
纳沃伊州	45.01	54.20	0.77	0.02	0.00
卡拉卡尔帕克斯坦共和国	96.93	3.07	0.00	0.00	0.00
撒马尔罕州	0.00	86.43	12.58	0.99	0.00
苏尔汉河州	0.00	63.10	18.84	13.90	4.16
锡尔河州	0.00	100.00	0.00	0.00	0.00
塔什干州	0.00	50.43	21.95	22.06	5.56
塔什干	0.00	100.00	0.00	0.00	0.00

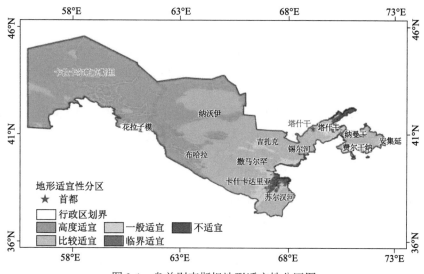

图 3-1　乌兹别克斯坦地形适宜性分区图

1. 地形高度适宜地区

乌兹别克斯坦地形高度适宜地区土地面积为 24 万 km²，为全国国土总面积的 53.9%。高度适宜地区在空间上广泛分布于乌兹别克斯坦中西部地区，主要地貌类型为平原、沙漠和盆地。就各州而言，卡拉卡尔帕克斯坦共和国的地形高度适宜地区面积最大，其次为纳沃伊州、布哈拉州和花拉子模州；境内中部撒马尔罕州，东北部吉扎克州、锡尔河州、塔什干州、纳曼干州、费尔干纳州、安集延州及东南部卡什卡达里亚州、苏尔汉河州几乎没有地形高度适宜地区。地形高度适宜地区的地形起伏度低，地势低平，主要为平原地貌类型。

2. 地形比较适宜地区

乌兹别克斯坦地形比较适宜地区土地面积为 17.3 万 km²，约为全境的 38.96%；乌兹别克斯坦地形比较适宜地区在空间上镶嵌分布于境内中东部地区，少量分布于西部地区，该区域为东南部山地与费尔干纳盆地间的过渡地区。就各州而言，除花拉子模州外均有分布，其中纳沃伊州分布面积最大。该区域地势相对平缓，分布有克孜勒库姆沙漠。

3. 地形一般适宜地区

乌兹别克斯坦地形一般适宜地区土地面积为 1.97 万 km²，约占全境总面积的 4.44%。乌兹别克斯坦地形一般适宜地区在空间上镶嵌分布于地形一般适宜和地形临界适宜地区之间。该区域为平原向山地盆地过渡区。就各州而言，分布于苏尔汉河州、卡什卡达里亚州、撒马尔罕州、吉扎克州、塔什干州及纳曼干州 6 个州，其中卡什卡达里亚州分布面积最大，撒马尔罕州分布面积最小。

4. 地形临界适宜地区

乌兹别克斯坦地形临界适宜地区土地面积约为 9960km²，占全境土地面积的 2.24%。乌兹别克斯坦地形临界适宜地区，在空间上临近分布于地形一般适宜地区，少量聚集分布，以山地峡谷为主。就各州而言，主要分布于塔什干州、苏尔汉河州和卡什卡达里亚州，西部的卡拉卡尔帕克斯坦共和国、纳沃伊州及花拉子模州、布哈拉州分布极少。该区域主要为山地峡谷，人类活动受限，人类分布相对较少。

5. 地形不适宜地区

乌兹别克斯坦地形不适宜地区占全境土地面积的 0.46%，对应土地面积为 2030km²，在各适宜类型中面积最小。地形不适宜地区分布于乌兹别克斯坦的东部，与地形临界适宜地区相邻。就各州来看，主要分布于塔什干州、卡什卡达里亚州、苏尔汉河州、纳曼干州 4 个州内。地形不适宜地区山高势险，地形起伏度大，适宜性差。

3.2 温湿指数与气候适宜性

气候适宜性评价（suitability assessment of climate，SAC）是人居环境评价的一项重要内容。本节利用气温和相对湿度数据计算了乌兹别克斯坦的温湿指数，采用地理空间统计的方法，开展了乌兹别克斯坦的人居环境气候适宜性评价。本节所采用的气温数据源自于瑞士联邦森林、雪、景观研究所提供的地球陆表高分辨率气候数据（the climatologies at high resolution for the earth's land surface，CHELSA），相对湿度数据来自于国家气象信息中心。气温和相对湿度是计算温湿指数的基础气候要素，研究分析了乌兹别克斯坦的气温和相对湿度的空间分布状况，为温湿指数分析提供了研究基础。

3.2.1 温湿指数

基于平均气温和相对湿度数据计算乌兹别克斯坦温湿指数。结果表明，乌兹别克斯坦平均温湿指数为 55.5，各州（共和国、直辖市）平均温湿指数范围为 51.3～59.8，乌兹别克斯坦境内平原广布，地形平坦，气候舒适度相对均匀。整体上温湿指数呈现出由东南向西北递减的空间分布趋势，但东南部局部地区温湿指数出现突变。温湿指数为 27～47 时，气温极低，体感寒冷，该地区面积占比仅为 2.80%，主要位于乌兹别克斯坦境内东部山区，分布于塔什干州、卡什卡达里亚州、苏尔汉河州、纳曼干州，与地形高度不适宜地区分布范围一致。温湿指数为 47～57 的气候偏冷、体感清冷的地区面积占比为 56.11%，主要分布在乌兹别克斯坦西北部的平原和荒漠地区，除布哈拉州和锡尔河州外，其他各州均有分布。温湿指数介于 57～64 的地区面积超过总面积的 2/5，达 41.08%，主要分布在乌兹别克斯坦中南部平原地区，其中布哈拉州的温湿指数介于 54～61，卡拉卡尔帕克斯坦共和国温湿指数介于 57～64 的面积最多，该地区气温较高，水土条件良好，人类活动聚集。

3.2.2 气候适宜性评价

依据乌兹别克斯坦气候区域特征及差异，参考温湿指数生理气候分级标准，开展了人居环境的气候适宜性评价，即基于温湿指数的乌兹别克斯坦人居环境适宜性评价。参考气候以及相对湿度的区域特征及差异，将人居环境气候适宜程度分为不适宜、临界适宜、一般适宜、比较适宜和高度适宜 5 类。

根据人居环境气候适宜性分区标准（表 3-2），完成了乌兹别克斯坦基于温湿指数的人居环境气候适宜性评价（图 3-2，表 3-3）。结果表明，乌兹别克斯坦属于气候较适宜地区，气候高度适宜区、比较适宜区和一般适宜区总面积占比为 98.06%；气候临界适宜和不适宜地区土地面积占比仅为 1.94%，其中气候临界适宜地区人口占比不足 2%，气候不适宜地区人迹罕至。

表 3-2　气候适宜性评价的要素

温湿指数	人体感觉程度	人居适宜性
≤35，>80	极冷，极其闷热	不适宜
35~45，77~80	寒冷，闷热	临界适宜
45~55，75~77	偏冷，炎热	一般适宜
55~60，72~75	清凉，偏热	比较适宜
60~72	清爽或温暖	高度适宜

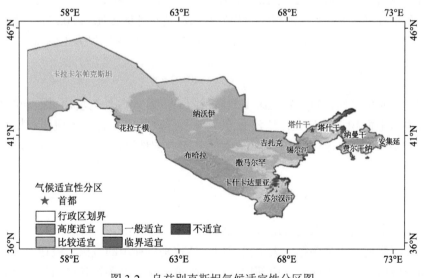

图 3-2　乌兹别克斯坦气候适宜性分区图

表 3-3　乌兹别克斯坦气候适宜性评价结果　　　（单位：%）

行政区	高度适宜	比较适宜	一般适宜	临界适宜	不适宜
安集延州	35.80	62.06	2.14	0.00	0.00
布哈拉州	46.16	53.77	0.07	0.00	0.00
吉扎克州	0.14	72.80	24.53	2.52	0.01
费尔干纳州	37.52	55.08	7.24	0.16	0.00
卡什卡达里亚州	49.70	24.88	19.29	5.20	0.93
花拉子模州	0.00	100.00	0.00	0.00	0.00
纳曼干州	21.61	39.69	23.62	13.93	1.15
纳沃伊州	1.68	69.77	28.54	0.01	0.00
卡拉卡尔帕克斯坦共和国	0.00	22.68	77.32	0.00	0.00
撒马尔罕州	6.53	66.64	26.51	0.32	0.00
苏尔汉河州	50.23	19.41	20.40	8.53	1.43
锡尔河州	79.16	20.84	0.00	0.00	0.00
塔什干州	11.99	33.31	33.12	16.44	5.14
塔什干	0.00	100.00	0.00	0.00	0.00

1. 气候高度适宜地区

乌兹别克斯坦气候高度适宜地区土地面积为 5.51 万 km²，占全国土地总面积的 12.42%。乌兹别克斯坦的高度适宜地区主要分布在境内南部及东部的平原和河谷地区，该地区气温高，降水充足，是人类活动聚集地。就行政区来看，分布于除卡拉卡尔帕克斯坦共和国和塔什干外的 12 个州，其中锡尔河州气候高度适宜地区占州内面积的 79.16%，面积占比最大；其次苏尔汉河州气候高度适宜地区占比为 50.23%、卡什卡达里亚州对应占比为 49.70%；纳沃伊州气候高度适宜地区面积占比仅为 1.68%。

2. 气候比较适宜地区

乌兹别克斯坦气候比较适宜地区土地面积为 19.5 万 km²，约为境内总面积的 43.90%，在各适宜类型中面积占比最大；广泛分布于各个行政区内。花拉子模州和塔什干全部为气候比较适宜地区，分布于中部、东南部及西南部地区，温湿条件适宜，人类活动相对集中。

3. 气候一般适宜地区

乌兹别克斯坦气候一般适宜地区土地面积为 18.5 万 km²，约占全国的 41.74%，是乌兹别克斯坦气候适宜类型中第二大主要类型；乌兹别克斯坦的气候一般适宜地区空间上主要分布于境内东北部地区，东南部地区仅有少量分布。就各行政区而言，除花拉子模州和塔什干外，其他各行政单元均有分布，其中卡拉卡尔帕克斯坦共和国气候一般适宜地区面积占比最大，布哈拉州对应面积占比最少。该类地区由于年均温偏低，气候干燥，人口密度相对较少。

4. 气候临界适宜地区

乌兹别克斯坦气候临界适宜地区土地面积为 7200km²，约占全国土地面积的 1.62%。乌兹别克斯坦气候临界适宜区嵌于气候一般适宜和不适宜地区之间，集中于东北及东南部局部地形非适宜地区。就行政区分布而言，分布于吉扎克州、费尔干纳州、卡什卡达里亚州、纳曼干州等东部 8 个州内，在各州面积占比中，塔什干州对应面积占比最大。该地区气温偏低，干燥寒冷，人烟稀少。

5. 气候不适宜地区

乌兹别克斯坦气候不适宜地区土地面积为 1400km²，约占全国土地面积的 0.31%。乌兹别克斯坦气候不适宜区分布于临近气候临界适宜地区，该地区气候干燥，不适宜人类活动。气候不适宜地区的行政区分布情况与地形临界适宜地区的分布情况相似，不同的是，费尔干纳州气候不适宜地区极少；整体上相比于地形临界适宜地区面积更小。

3.3　水文指数与水文适宜性

水文适宜性（suitability assessment of hydrology，SAH）是人居环境自然适宜性评价的基础内容之一，它着重探讨一个区域水文特征对该区域人类生活、生产与发展的影响与制约。水文指数，亦称地表水丰缺指数（land surface water abundance index，LSWAI）是区域降水量和地表水文状况的综合表征。本书将基于水文指数的水文适宜性评价纳入乌兹别克斯坦人居环境适宜性评价体系，并采用降水量和地表水分指数（land surface water index，LSWI）构建了人居环境水文适宜性评价模型，利用 ArcGIS 空间分析等方法，提取了乌兹别克斯坦 1km×1km 栅格大小的水文指数，开展了乌兹别克斯坦人居环境水文适宜性评价。

3.3.1　水文指数

乌兹别克斯坦水文指数介于 0.03～0.58，全境水文指数均值为 0.10，空间上大部分地区分布较均衡，整体水平偏低，局部地区存在差异性。就行政区来看，纳沃伊州水文指数均值全域最低（约为 0.08），布哈拉州次之，水文指数均值为 0.08，以及卡拉卡尔帕克斯坦共和国水文指数均值约为 0.09，三州（共和国）的水文指数均值皆低于全境均值；其次，吉扎克州、卡什卡达里亚州、花拉子模州、撒马尔罕州、苏尔汉河州、塔什干水文指数均值相近，介于 0.15～0.18；东部的安集延州、费尔干纳州、纳曼干州、锡尔河州及塔什干州水文指数均值较高，介于 0.2～0.27，其中塔什干州水文指数均值最高，为 0.27。

就水文指数来看，水文指数高于 0.35 的地区分布面积最小，占境内总面积的 2.10%，主要分布于西北部及东部靠近水域的地方，西北部主要集中于卡拉卡尔帕克斯坦共和国，东部零星分布于塔什干州和费尔干纳州；水文指数介于 0.11～0.35 的地区面积约为乌兹别克斯坦总面积的 28.63%，主要分布于卡拉卡尔帕克斯坦共和国以及东部包括撒马尔罕州、布哈拉州在内的 10 个州内。乌兹别克斯坦大部分地区水文指数低于 0.11，介于 0.03～0.11，约占乌兹别克斯坦面积的 7/10；位于乌兹别克斯坦中南部的大部分地区，其中纳沃伊州和布哈拉州分布面积最大。此外，在境内西部和东部也有零星分布。

3.3.2 水文适宜性评价

基于水文指数的乌兹别克斯坦人居环境水文适宜性评价表明：乌兹别克斯坦属于水文不适宜地区，乌兹别克斯坦人居环境水文适宜地区占地 24.32%，其中高度适宜、比较适宜、一般适宜三类土地占比分别为 3.99%、7.19% 与 13.14%。乌兹别克斯坦人居环境水文临界适宜和不适宜地区总占比为 75.68%，其中水文临界适宜地区占比为 15.87%，水文不适宜地区土地面积占比达 3/5，是乌兹别克斯坦水文适宜类型中的主要类型（图 3-3，表 3-4）。

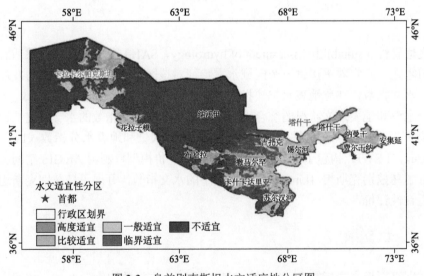

图 3-3 乌兹别克斯坦水文适应性分区图

表 3-4 乌兹别克斯坦水文适宜性评价结果　　　　　　　　　　（单位：%）

行政区	高度适宜	比较适宜	一般适宜	临界适宜	不适宜
安集延州	16.05	43.73	30.65	8.60	0.97
布哈拉州	4.09	5.55	4.53	6.60	79.23
吉扎克州	2.36	11.60	31.93	48.79	5.33
费尔干纳州	36.96	27.11	16.90	14.11	4.93

行政区	高度适宜	比较适宜	一般适宜	临界适宜	不适宜
卡什卡达里亚州	1.08	8.29	32.92	42.87	14.84
花拉子模州	2.48	16.85	37.85	7.72	35.10
纳曼干州	10.14	28.38	33.54	27.81	0.13
纳沃伊州	0.79	0.61	0.94	8.76	88.90
卡拉卡尔帕克斯坦共和国	2.42	3.70	9.89	9.42	74.57
撒马尔罕州	13.00	11.09	19.02	54.45	2.44
苏尔汉河州	2.60	10.10	29.07	36.74	21.49
锡尔河州	6.20	49.57	43.39	0.84	0.00
塔什干州	22.80	36.68	37.54	2.98	0.00
塔什干	0.58	8.48	49.42	41.52	0.00

1. 水文高度适宜地区

乌兹别克斯坦的水文高度适宜地区土地面积为 1.77 万 km²，为全国国土总面积的 3.99%，在各适宜类型中面积占比最小；水文高度适宜地区，在空间上主要分布在乌兹别克斯坦西部、中部及东部的咸海、拉夫尚河及纳伦河流域。就行政区而言，费尔干纳州内的水文高度适宜地区面积占比最大，面积最小的行政区塔什干水文高度适宜地区面积占比最小；其他各行政区高度适宜地区面积占比较大的州依次为塔什干州、安集延州、撒马尔罕州及纳曼干州。该区域靠近水域，水文条件优越，人类活动相对较多。

2. 水文比较适宜地区

乌兹别克斯坦水文比较适宜地区土地面积为 3.2 万 km²，约为全境的 7.19%。乌兹别克斯坦的水文比较适宜地区在空间上分布于咸海、锡尔河及纳伦河等靠近水域的地区，该区域水文条件较好。就行政区而言，水文比较适宜地区在各行政区都有分布，其中锡尔河州水文比较适宜地区面积占比最大，占锡尔河州内总面积的 49.57%。其次，安集延州水文比较适宜地区占州内总面积的 43.73%，纳沃伊州水文比较适宜地区面积占比最小，仅占州内总面积的 0.61%。

3. 水文一般适宜地区

乌兹别克斯坦水文一般适宜地区土地面积为 5.83 万 km²，约占全境的 13.14%。乌兹别克斯坦水文一般适宜地区在空间上镶嵌于水文比较适宜和水文临界适宜区之间，较水文比较适宜面积更大。就行政区而言，各行政区内均有分布，是塔什干主要的水文适宜类型，约占全市总面积的 1/2；锡尔河州次之，水文一般适宜地区占州内总面积的 43.39%；纳沃伊州内水文一般适宜地区占比最少，不到该州总面积的 1%。安集延州、卡什卡达里亚州、花拉子模州、纳曼干州及塔什干州，水文一般适宜占比相近，约占各州面积的

1/3。该区域水文条件略差，是乌兹别克斯坦水文适宜类型中的主要类型。

4. 水文临界适宜地区

乌兹别克斯坦水文临界适宜地区土地面积约为 7.05 万 km²，占全境土地面积的 15.87%。乌兹别克斯坦水文临界适宜地区，在空间上靠近水文一般适宜地区，部分镶嵌于水文不适宜地区。就各州而言，主要集中于东部的撒马尔罕州、吉扎克州、卡什卡达里亚州、塔什干及苏尔汉河州，该区域水文条件匮乏，人迹稀少。

5. 水文不适宜地区

乌兹别克斯坦水文不适宜地区占全境土地面积的 59.81%，对应土地面积为 26.6 万 km²，在各适宜类型面积占比最大。水文不适宜地区广泛分布于乌兹别克斯坦西部及中部地区，该地区地势低平，水域较少，有沙漠分布。就各行政单元来看，纳沃伊州州内分布占比最大，其次为布哈拉州和卡拉卡尔帕克斯坦共和国，分别占各州（共和国、直辖市）内面积的 88.90%、79.23% 和 74.57%。该地区水文条件贫瘠，人类生存受限，荒无人烟。

3.4 地被指数与地被适宜性

地被适宜性（suitability assessment of vegetation，SAV）是人居环境自然适宜性评价的基础与核心内容之一，它着重探讨一个区域地被覆盖特征对该区域人类生活、生产与发展的影响与制约。本节利用土地覆被类型和归一化地被指数（NDVI）乘积构建乌兹别克斯坦的地被指数，并采用空间统计等方法，对乌兹别克斯坦的地被适宜性进行评价分析。本节采用的 MOD13A1 数据（V006，包括 NDVI）来源于 NASA EarthData 平台，时间跨度为 2013~2017 年，空间分辨率为 1km。

3.4.1 地被指数

乌兹别克斯坦归一化地被指数多年均值为 0.09，介于 0~0.79 之间，空间上分布不均衡，大部分地区地被指数偏小，仅东部和西部少部分水文条件较好地区地被指数偏大；就行政区而言，纳沃伊州地被指数多年均值最低，仅为 0.02，卡拉卡尔帕克斯坦共和国次之，为 0.04，以及布哈拉州地被指数均值为 0.06；安集延州地被指数多年均值最高，为 0.43，锡尔河州次之，地被指数均值约为 0.4，以及费尔干纳州地被指数均值约为 0.35，其余 7 个州，一个直辖市地被指数均值皆介于 0.2~0.3。

乌兹别克斯坦地被指数介于 0~0.1 地区的面积占比最大，约为乌兹别克斯坦土地面积的 80.72%，主要分布于乌兹别克斯坦境内中部和东部地区；各行政单元均有分布，其中纳沃伊州分布面积最大。地被指数介于 0.1~0.3 时，对应的土地面积占比为 3.89%，空间上分布于东部及西部地区各行政单元均有分布，其中纳沃伊州分布面积最小。乌兹别克斯坦 14.33%的地区地被指数介于 0.3～0.6，主要集中于境内东部和西南部地区，主要分布于卡拉卡尔帕克斯坦共和国、花拉子模州、苏尔汉河州、卡什卡达里亚州、撒马尔罕州、吉扎克州、锡尔河州、塔什干州、纳曼干州、安集延州及费尔干纳州；仅有 0.4%的地区地被指数高于 0.6，零星分散于东部的撒马尔罕州、吉扎克州、锡尔河州、塔什干州、纳曼干州、安集延州及费尔干纳州。

3.4.2　地被适宜性评价

根据乌兹别克斯坦地被指数空间分布特征及人居环境地被适宜性评价要素体系，完成了乌兹别克斯坦地被指数的人居环境地被适宜性评价。基于地被指数的乌兹别克斯坦人居环境地被适宜性评价表明：乌兹别克斯坦属于地被不适宜地区，人居环境地被非适宜地区占比超八成，其中临界适宜和不适宜两类土地占比分别为 33.20%和 47.85%。乌兹别克斯坦人居环境地被适宜地区总占比为 18.96%，其中地被高度适宜地区占比为 15.85%；地被比较适宜地区和地被一般适宜地区土地面积占比均不足 2%，整体上，适宜类型中以高度适宜为主（图 3-4，表 3-5）。

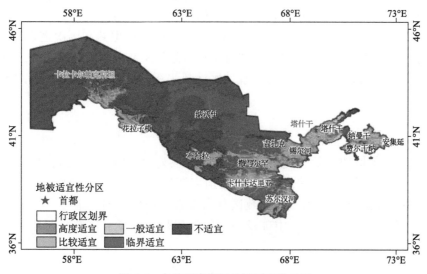

图 3-4　乌兹别克斯坦地被适宜性分区

表 3-5　乌兹别克斯坦地被适宜性评价结果　　　　　　　　　（单位：%）

行政区	高度适宜	比较适宜	一般适宜	临界适宜	不适宜
安集延州	77.10	4.09	6.39	11.52	0.90
布哈拉州	10.25	1.74	1.16	13.56	73.29
吉扎克州	34.97	1.78	3.58	50.51	9.16
费尔干纳州	62.55	4.78	7.86	14.76	10.03
卡什卡达里亚州	36.47	3.72	2.14	50.44	7.23

续表

行政区	高度适宜	比较适宜	一般适宜	临界适宜	不适宜
花拉子模州	52.50	4.83	2.07	14.49	26.11
纳曼干州	44.43	3.66	3.60	36.77	11.54
纳沃伊州	1.74	0.37	0.18	52.57	45.14
卡拉卡尔帕克斯坦共和国	5.63	0.61	0.52	18.03	75.21
撒马尔罕州	41.06	6.02	2.10	49.77	1.05
苏尔汉河州	31.98	2.62	2.28	55.19	7.93
锡尔河州	82.33	4.24	2.20	8.99	2.24
塔什干州	48.72	1.33	15.56	26.29	8.10
塔什干	41.52	28.07	13.16	16.08	1.17

1. 地被高度适宜地区

乌兹别克斯坦地被高度适宜地区土地面积为 7.04 万 km²，占乌兹别克斯坦国土总面积的 15.85%。高度适宜地区，在空间上主要分布在乌兹别克斯坦东部及西南部流域河谷分布区。就各行政区而言，安集延州的地被高度适宜地区面积最大，中部的纳沃伊州地被高度适宜地区面积最小，西部卡拉卡尔帕克斯坦共和国次之，以及布哈拉州地被高度适宜地区仅占州内总面积的 1/10，其他各州及直辖市地被高度适宜地区面积占比介于 31%～62%。地被高度适宜地区地势平缓，水分条件优越，因此地被适宜性良好。

2. 地被比较适宜地区

乌兹别克斯坦地被比较适宜地区土地面积为 6500km²，约占全境总面积的 1.46%，在各适宜类型中面积最小；乌兹别克斯坦地被比较适宜地区在空间上零星分布于地被高度适宜地区间。就行政区分布来看，塔什干州、塔什干、卡什卡达里亚州和撒马尔罕州分布较多，中部及西部纳沃伊州、卡拉卡尔帕克斯坦共和国几乎没有分布。

3. 地被一般适宜地区

乌兹别克斯坦地被一般适宜地区土地面积为 7.31 万 km²，约占全境总面积的 1.65%；乌兹别克斯坦地被一般适宜地区在空间上分散于地被高度适宜与地被临界适宜地区之间。分行政单元来看，东部的塔什干州分布面积最大，占该州面积的 15.56%，费尔干纳州次之，对应占比为 7.86%，乌兹别克斯坦中部的纳沃伊州分布最少，仅占该州总面积的 0.18%，西部的卡拉卡尔帕克斯坦共和国次之，对应占比为 0.52%。卡什卡达里亚州、花拉子模州、撒马尔罕州、苏尔汉河州及锡尔河州地被一般适宜地区分布情况相近，面积占比约为 2%。

4. 地被临界适宜地区

乌兹别克斯坦地被临界适宜地区土地面积约为 14.7 万 km²，占全境土地面积的 33.20%。乌兹别克斯坦地被临界适宜地区，在空间上分布于乌兹别克斯坦中部、东部及西部少部分地区，镶嵌于地被不适宜地区与地被适宜地区之间。就各行政区而言，吉扎克州、卡什卡达里亚州、纳沃伊州、撒马尔罕州、苏尔汉河州地被临界适宜地区皆占到各州总面积的 1/2，其次纳曼干州、塔什干州地被临界适宜类型占比分别为 36.77%、26.29%，锡尔河州地被临界适宜类型面积占比最小，为 8.99%。地被临界适宜地区气候干燥，水分缺失，地被覆盖受限。

5. 地被不适宜地区

乌兹别克斯坦地被不适宜地区占全境土地面积的近 1/2，对应土地面积为 21.2 万 km²，是乌兹别克斯坦地被适宜类型中的主要类型，面积占比最大。地被不适宜地区位于乌兹别克斯坦中部与西部地区，该地区沙漠广布，水源缺失，不适宜地被分布。就各行政区而言，主要分布于卡拉卡尔帕克斯坦共和国、纳沃伊州及布哈拉州，对应占各州总面积的比例分别为 75.21%、45.14% 和 73.29%；东部地区的吉扎克州、纳曼干州、费尔干纳州只有少量分布。

3.5 人居环境适宜性综合评价与分区研究

人居环境自然适宜性综合评价与分区研究，是开展资源环境承载力评价的基础研究。它是在基于地形起伏度的地形适宜性评价、基于温湿指数的气候适宜性评价、基于水文指数的水文适宜性评价以及基于地被指数的地被适宜性评价基础上，利用地形起伏度、温湿指数、水文指数与地被指数通过构建人居环境指数，结合单要素适宜性与限制性因子组合，将人居环境自然适宜性划分为三大类、7 个小类。其中，人居环境指数（human settlements index，HSI）是反映人居环境地形、气候、水文与地被适宜性与限制性特征的加权综合指数（表 3-6）。

表 3-6 乌兹别克斯坦各分区人居环境指数统计

行政区	最小值	最大值	平均值	标准差
安集延州	0.32	0.71	0.61	0.07
布哈拉州	0.40	0.77	0.48	0.06
吉扎克州	0.07	0.71	0.49	0.10
费尔干纳州	0.17	0.75	0.59	0.10
卡什卡达里亚州	0.03	0.68	0.48	0.13
花拉子模州	0.43	0.71	0.55	0.08

行政区	最小值	最大值	平均值	标准差
纳曼干州	0.07	0.71	0.47	0.17
纳沃伊州	0.19	0.70	0.44	0.03
卡拉卡尔帕克斯坦共和国	0.37	0.73	0.44	0.05
撒马尔罕州	0.19	0.69	0.50	0.10
苏尔汉河州	0.04	0.80	0.45	0.16
锡尔河州	0.47	0.73	0.63	0.04
塔什干州	0.06	0.77	0.45	0.19
塔什干	0.46	0.68	0.55	0.05

3.5.1 人居环境适宜性分区方法

根据《绿色丝绸之路：人居环境适宜性评价》，分别以人居环境指数平均值 0.35 与 0.44 作为划分人居环境不适宜地区与临界适宜地区、临界适宜地区与适宜地区的特征阈值。在此基础上，根据人居环境地形适宜性、气候适宜性、水文适宜性与地被适宜性等四个单要素评价结果进行因子组合分析，再进行人居环境适宜性与限制性 7 个小类划分。具体而言，沿线国家与地区人居环境适宜性与限制性划分为三大类、7 个小类。

（1）人居环境不适宜地区（non-suitability area，NSA），根据地形、气候、水文、地被等限制性因子类型（即不适宜）及其组合特征，把人居环境不适宜地区再分为人居环境永久不适宜地区（permanent NSA，PNSA）和条件不适宜地区（conditional NSA，CNSA）。

（2）人居环境临界适宜（critical suitability area，CSA），根据地形、气候、水文、地被等自然限制性因子类型（即临界适宜）及其组合特征，把人居环境临界适宜地区再分为人居环境限制性临界地区（restrictively CSA，RCSA）与适宜性临界地区（narrowly CSA，NCSA）。

（3）人居环境适宜地区（suitability area，SA），根据地形、气候、水文、地被等适宜性因子类型（主要是高度适宜与比较适宜）及其组合特征，将人居环境适宜地区再分为一般适宜地区（low suitability area，LSA）、比较适宜地区（moderate suitability area，MSA）与高度适宜地区（high suitability area，HSA）。

3.5.2 人居环境指数

乌兹别克斯坦人居环境指数介于 0.3～0.8，平均值约为 0.46。可见，人居环境适宜性与限制性划分的三大类、7 个小类在该国均有分布，但以人居环境限制性适宜为主。从水文、气候、地被等自然特征来看，这一评价结果是合理且可信的。乌兹别克斯坦是中亚内陆国，东部为山地，海拔 1500～3000m，最高峰 4643m；中西部为平原、盆地、沙漠，海拔 1000m 以下，约占国土面积的 2/3。乌兹别克斯坦深居内陆，气候类型为大陆性气候，地区干旱，因此水文因素成为主要限制条件，人居环境适宜性也因此受限。

从空间上看，人居环境指数高值区（HSI>0.6）位于西南部及东南部的河谷地区，对应地区面积占比仅为 5.14%；中值区（0.4<HSI<0.6）广泛分布于乌兹别克斯坦的大部分平原、沙漠等地区，面积占比为 39.94%；人居环境指数低值区（HSI<0.4）主要位于乌兹别克斯坦西北部的咸海区及东部山地地区，该地区为乌兹别克斯坦土地面积的54.92%，人类活动有限。乌兹别克斯坦气候干旱，水文条件匮乏，人居环境指数低值区面积较大。

就乌兹别克斯坦行政区而言，布哈拉州、花拉子模州、锡尔河州、塔什干人居环境指数最小值达到 0.4；吉扎克州、卡什卡达里亚州、纳曼干州、苏尔汉河州人居环境指数最小值皆低于 0.1；各行政区人居环境指数最大值除卡什卡达里亚州、撒马尔罕州和塔什干外皆达到 0.7 以上（表 3-6）。就人居环境指数均值来看，锡尔河州人均环境指数均值最高，安集延州、费尔干纳州次之，这 3 个州均位于东部河谷区，适宜人口分布；塔什干和花拉子模州人居环境指数均值相同为 0.55，塔什干位于奇尔奇克河谷地的绿洲中心，花拉子模州为阿姆河流域，故人口指数均值均较高；布哈拉州与卡什卡达里亚州人居环境指数均值相同，均为 0.48；吉扎克州与纳曼干州人居环境指数均值分别为 0.49、0.47；纳沃伊州与卡拉卡尔帕克斯坦共和国人均指数均值相近，为 0.44，位于乌兹别克斯坦中西部内，州内沙漠广布，水文资源短缺，人类活动受限。

3.5.3　人居环境适宜性评价

根据乌兹别克斯坦人居环境指数空间分布特征及人居环境地被适宜性评价要素体系，完成了乌兹别克斯坦的人居环境适宜性评价。评价结果表明：乌兹别克斯坦属于人居环境临界适宜地区，乌兹别克斯坦人居环境临界适宜地区占比 58.36%，其中限制性临界地区、适宜性临界地区土地占比分别为 31.20%、27.16%。乌兹别克斯坦人居环境适宜性地区面积总占比为 37.19%，其中人居环境一般适宜地区面积最大，占比为 22.08%，高度适宜地区与比较适宜地区面积占比分别为 1.02% 和 14.09%；人居环境不适宜地区面积占比最小，总占比为全境的 4.45%，其中条件不适宜地区占比为 3.84%，永久不适宜地区占比为 0.61%，在各适宜类型中面积占比最小。人居环境临界适宜地区面积大于不适宜地区与适宜地区总和，故乌兹别克斯坦整体上为人居环境临界适宜（图 3-5，表 3-7）。

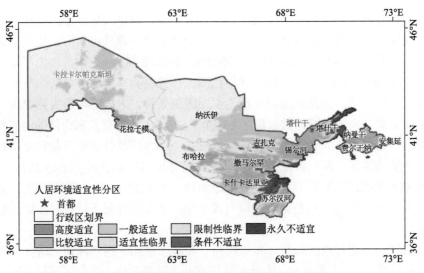

图 3-5 乌兹别克斯坦人居环境适宜性分区图

表 3-7 乌兹别克斯坦各分区人居环境适宜性评价结果

行政区	高度适宜	比较适宜	一般适宜	适宜性临界	限制性临界	条件不适宜	永久不适宜
安集延州	7.66	78.91	10.97	1.01	1.36	0.09	0.00
布哈拉州	4.78	8.09	17.04	68.39	1.70	0.00	0.00
吉扎克州	0.00	28.53	47.67	3.40	11.75	8.56	0.09
费尔干纳州	17.46	58.31	10.74	7.38	3.98	2.12	0.01
卡什卡达里亚州	0.17	37.23	27.92	10.51	8.37	14.10	1.70
花拉子模州	1.44	55.27	19.61	23.51	0.17	0.00	0.00
纳曼干州	5.08	41.78	13.30	9.81	4.84	24.26	0.93
纳沃伊州	0.04	1.97	26.29	40.99	30.35	0.35	0.01
卡拉卡尔帕克斯坦共和国	0.11	2.50	17.47	22.89	57.03	0.00	0.00
撒马尔罕州	0.99	43.50	30.03	3.54	16.18	5.76	0.00
苏尔汉河州	0.00	29.85	22.92	13.27	8.10	21.12	4.74
锡尔河州	3.45	86.88	9.67	0.00	0.00	0.00	0.00
塔什干州	0.79	42.12	13.97	7.56	0.88	26.68	8.00
塔什干	0.00	72.22	27.78	0.00	0.00	0.00	0.00

1. 人居环境高度适宜地区

乌兹别克斯坦人居环境高度适宜地区总面积为 4520km²，为乌兹别克斯坦国土总面积的 1.02%；人居环境高度适宜地区，在空间上主要分布于乌兹别克斯坦东部的河谷区及中南部的平原地区。就行政区而言，主要分布于费尔干纳州、安集延州、纳曼干州及布哈拉州；布哈拉州人居环境高度适宜地区面积最大，为 2000km²，占州内总面积的

4.78%；费尔干纳州中 17.46% 的地区为人居环境高度适宜地区，对应的面积为 1200km²；安集延州对应的高度适宜地区面积为 329.8km²；吉扎克州、卡什卡达里亚州、卡拉卡尔帕克斯坦共和国、纳沃伊州近乎没有人居环境高度适宜地区存在；苏尔汉河州及塔什干没有人居环境高度适宜地区分布。

2. 人居环境比较适宜地区

乌兹别克斯坦人居环境比较适宜地区总面积为 6.26 万 km²，占境内总面积的 14.09%。人居环境比较适宜地区在空间上嵌于高度适宜地区和一般适宜地区之间。人居环境比较适宜地区在卡什卡达里亚州分布面积最大为 1.06 万 km²。在锡尔河州，人居环境比较适宜地区在该州的面积占比达到 86.88%；其次在安集延州，人居环境比较适宜地区在该州的面积占比达 78.91%。人居环境比较适宜地区在费尔干纳州、纳曼干州、卡拉卡尔帕克斯坦共和国分布面积相近，约为 4000km²；在塔什干人居环境比较适宜地区面积为 236km²，占该市总面积的 72.22%。

3. 人居环境一般适宜地区

乌兹别克斯坦人居环境一般适宜地区总面积为 9.8 万 km²，占乌兹别克斯坦总面积的 22.08%。人居环境一般适宜地区主要位于乌兹别克斯坦中部及西部地区。就行政区来看，人居环境一般适宜地区在纳沃伊州分布面积最大，分布面积为 2.87 万 km²，占该州总面积的 26.29%，卡拉卡尔帕克斯坦共和国人居一般适宜地区分布面积与纳沃伊州相近，为 2.81 万 km²，占该共和国总面积的 17.47%；塔什干分布面积最小，仅为 90km²，其次在锡尔河州分布面积为 413.51km²，安集延州分布面积为 471.95km；其余各州人居环境一般适宜地区面积占比由大到小依次为吉扎克州、卡什卡达里亚州、布哈拉州、撒马尔罕州、苏尔汉河州、塔什干州、花拉子模州、纳曼干州及费尔干纳州。

4. 人居环境适宜性临界地区

人居环境适宜性临界地区在乌兹别克斯坦面积为 12 万 km²，占比为 27.16%；人居环境适宜性临界地区在空间上主要分布于乌兹别克斯坦中部及西部地区。从行政区来看，在纳沃伊州分布面积最大约为 4.5 万 km²，占该州总面积的 40.99%；其次在卡拉卡尔帕克斯坦共和国分布面积为 3.7 万 km²；布哈拉州内 68.39% 的地区为人居环境适宜性临界区，分布面积为 2.9 万 km²；吉扎克州与纳曼干州人居环境适宜性临界区分布面积相近，约为 700km²，对应地占两州总面积的 3.4%、9.81%；在安集延州，人居环境适宜性临界分布面积仅为 43.53km²；锡尔河州及塔什干人居环境适宜性临界地区分布极少。

5. 人居环境限制性临界地区

人居环境限制性临界地区占乌兹别克斯坦总面积的 31.20%，约为 13.9 万 km²，在各适宜类型中分布面积最多。人居环境限制性临界地区在空间上分布于乌兹别克斯坦中西部及中部地区，与人居环境一般适宜地区、适宜性临界地区镶嵌分布。分行政单元来看，人居环境限制性临界地区在卡拉卡尔帕克斯坦共和国分布面积最大为 9.2 万 km²，占该共和国总面积的 57.03%；其次为纳沃伊州，分布面积为 3.3 万 km²。在吉扎克州、卡什卡达里亚州、撒马尔罕州分布面积相当，介于 2400～2700km²；其余各州分布面积由大到小，依次为苏尔汉河州、布哈拉州、纳曼干州、费尔干纳州、塔什干州、安集延州和花拉子模州；在锡尔河州与塔什干分布极少。

6. 人居环境条件不适宜地区

人居环境不适宜地区占乌兹别克斯坦总面积的 3.84%，面积为 1.7 万 km²。在空间上，人居环境条件不适宜地区与人居环境永久不适宜地区相邻，集中分布于乌兹别克斯坦境内东部地区。就行政单元而言，塔什干、锡尔河州、卡拉卡尔帕克斯坦共和国、花拉子模州、布哈拉州分布极少；苏尔汉河州分布面积最大，为 4240km²，占该州总面积的 21.11%，其他各州分布面积由大到小为塔什干州、卡什卡达里亚州、吉扎克州、纳曼干州、撒马尔罕州，分别占各州面积的 26.68%、14.10%、8.56%、24.26%、5.76%。

7. 人居环境永久不适宜地区

人居环境永久不适宜地区在各适宜类型中面积占比最小，为乌兹别克斯坦总面积的 0.61%，约为 2.7 万 km²。人居环境永久不适宜地区与人居环境条件不适宜地区分布区临近分布。就行政单元而言，人居环境永久不适宜地区分布于吉扎克州、费尔干纳州、卡什卡达里亚州、纳曼干州、纳沃伊州、苏尔汉河州及塔什干州六个州内；其中塔什干州分布面积最大，对应面积为 1200km²，费尔干纳州对应分布面积最小，仅为 1 km²；其余各州分布面积由大及小依次为苏尔汉河州、卡什卡达里亚州、纳曼干州、吉扎克州及纳沃伊州，对应占各州的面积比分别为 4.74%、1.70%、0.93%、0.09%、0.01%（表 3-7）。

3.6　本章小结

利用地形起伏度、温湿指数、水文指数、地被指数加权构建人居环境指数，对乌兹别克斯坦地形适宜性、气候适宜性、水文适宜性与地被适宜性及人居环境适宜性进行分区评价，得到以下结论：

（1）乌兹别克斯坦以人居环境临界适宜地区为主，面积占比为 58.36%（限制性临界地区占比 31.20%，适宜性临界地区占比 27.16%），人居环境适宜地区占比 37.19%，主要以一般适宜和比较适宜地区为主，高度适宜地区偏少，面积占比约为 1%，人居环境条件不适宜土地面积为 1.7 万 km²，面积占比仅为 4%，人居环境永久不适宜地区面积占比不足 1%。

（2）乌兹别克斯坦为地形和气候要素适宜地区，水文、地被要素限制地区。其中气候适宜类型面积占比最大，地形适宜类型面积次之，水文适宜类型占比约为总面积的 1/4，地被适宜类型占比不足 1/5。

（3）乌兹别克斯坦内锡尔河州、塔什干人居环境最适宜，卡拉卡尔帕克斯坦共和国人居环境限制性最大。安集延州、纳曼干州、费尔干纳州 3 州的人居环境适宜性面积占比较多；相比之下，塔什干州东北部和纳曼干州西北部、卡什卡达里亚州东北部、苏尔汉河州西北部因受水文要素限制而主要表现为人居环境不适宜。中西部卡拉卡尔帕克斯坦共和国、纳沃伊州及布哈拉州人居环境则以限制性适宜为主。各州（共和国、直辖市）所表现的适宜程度与地理位置、地形、气候、水文等因素分配不同密切相关。

在乌兹别克斯坦人居环境单要素适宜区中，气候适宜性类型面积最大，地形适宜性类型面积与气候相近，地被适宜类型面积最小，与水文适宜类型面积相近。在乌兹别克斯坦高度适宜类型中，水文高度适宜地区对应的面积最小，其次气候与地被相应高度适宜地区面积相近，地形高度适宜类型面积最大。通过人为改变自然要素分配，并结合政治经济要素的调整，可以提高乌兹别克斯坦人居环境适宜性。乌兹别克斯坦人居环境适宜性中最大的限制因子为水文条件，未来可考虑以水文为主要优化对象以提高境内人居环境的适宜性。未来，完善跨境河流水资源分配与管理，平衡水资源空间不均衡问题，同时，发展滴水灌溉等节水工程提高水资源利用效率以突破乌兹别克斯坦水文限制性，扩大人居环境适宜面积。

第 4 章　土地资源承载力评价与增强策略

土地资源是人类赖以生存和发展的最重要的自然资源之一，面向乌兹别克斯坦资源环境承载力国别评价需要，开展乌兹别克斯坦土地资源承载力基础考察与评价。首先，基于土地利用数据，分析乌兹别克斯坦土地资源利用现状及变化态势，评估土地资源承载力的资源基础；其次，基于统计数据，从农业生产能力到食物消费水平与膳食营养结构，评估乌兹别克斯坦食物供给和消费的地域特征与时序变化；再次，从全域到次级行政单元，从人粮平衡到营养当量平衡，定量分析乌兹别克斯坦土地资源承载力及承载状态的时空格局。最后，提出提高乌兹别克斯坦土地资源承载力，促进其"人粮关系"及"人地关系"协调的适应策略。

4.1　土地资源利用及其变化

乌兹别克斯坦地势东西高中部低，地形类型从东向西依次为：吉萨尔-阿赖山系、克孜勒库姆沙漠、图兰低地和于斯蒂尔特高原。地形以平原为主，约占总面积的 80%；植被以草地、沙漠为主，约占国土面积的 75%。

4.1.1　土地利用现状

从土地利用结构来看，2019 年，乌兹别克斯坦土地资源主要为裸地，其次是耕地，灌丛、草地以及疏林。乌兹别克斯坦东部耕地主要分布于东部的天山山脉与拉夫尚山的山麓地区和费尔干纳盆地，耕地面积占到土地总面积的 19.60%。灌丛资源主要分布于艾达尔湖西北部的沙漠边缘和托格扎尔坎河流域，面积约占 9.48%。草地面积 37.47 万 km^2，占到土地面积的 5.92%；疏林地资源面积占到土地面积的 5.86%；水域面积占土地面积的 1.98%，占比较小；裸地资源主要分布于乌兹别克斯坦中部的克孜勒库姆沙漠、咸海周边、于斯蒂尔特高原以及西北部的巴尔萨克尔梅斯盐沼，约占土地总面积的 55.85%，其他土地利用类型面积较少，占到土地总面积的 1.50% 左右（表 4-1）。

表 4-1　2019 年乌兹别克斯坦现状年土地利用概况

土地利用类型	面积/km²	占比/%
耕地	1241144	19.60
林地	11350	0.18
疏林地	370709	5.86
草地	374701	5.92
灌丛	600124	9.48
湿地	9230	0.15
水域	125486	1.98
永久雪和冰	4964	0.08
建设用地	57462	0.91
裸地	3536219	55.85

数据来源：欧空局 http://maps.elie.ucl.ac.be/CCI/viewer/index.php.

　　就空间分布而言，耕地、草地、灌丛与林地主要分布于乌兹别克斯坦东部地区的山麓与谷地；裸地分布在乌兹别克斯坦中部——克孜勒库姆沙漠地区以及西部于斯蒂尔特高原地区，面积广阔（图 4-1）。

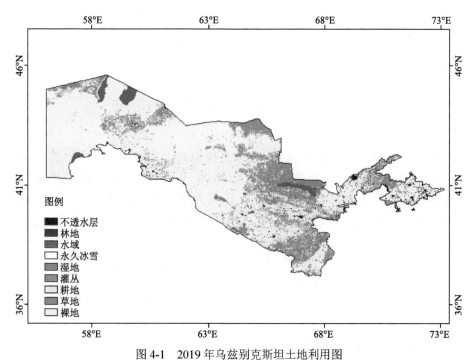

图 4-1　2019 年乌兹别克斯坦土地利用图

数据来源：欧空局 http://maps.elie.ucl.ac.be/CCI/viewer/index.php

4.1.2 土地利用变化

2000年、2010年和2019年的土地利用转移矩阵结果显示，2000~2019年，乌兹别克斯坦土地资源变化以"耕地和水域面积下降，裸地、林地和建设用地增加"为主要特征，具体而言：

2000~2010年，乌兹别克斯坦的耕地面积以下降为主要特征，耕地面积减少了2658.80km²，约降低10%；林地面积呈现增长态势，增加约2976.50km²，增幅为9%；草地面积呈现增长趋势，但增长较少，约增加724.60km²；水域面积减少最多，减少了13696.00km²，降低约50%；裸地面积增加了9792.80km²，增长了3%；建设用地面积增加了约2836.90km²；灌丛、湿地和永久冰雪面积变化不大（图4-2）。

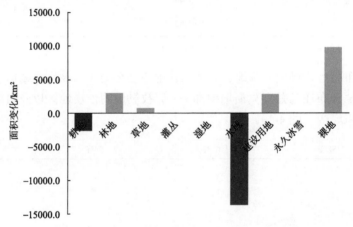

图4-2　2000~2010年乌兹别克斯坦土地利用变化

数据来源：欧空局 http://maps.elie.ucl.ac.be/CCI/viewer/index.php

从2000~2010年乌兹别克斯坦土地利用转移矩阵来看，耕地面积中约3091.74km²转变为其他土地类型。其中耕地面积转变为建设用地最多，为1879.86km²；其次为林地，有748.84km²；转变为草地有316.20km²。1040.20km²其他土地类型转变为耕地面积，其中草地面积转变为耕地最多，有442.59km²；林地面积约有321.45km²转变为耕地面积。

林地面积中，转变为草地面积的最多，约有353.63km²；其次转变为耕地。裸地面积转变为林地面积最多，为2088.66km²。

草地面积中，转变为耕地面积最多，建设用地次之；转变为草地的土地类型中，裸地面积最多。

其他土地利用类型相互转变较少（表4-2）。

表 4-2　乌兹别克斯坦 2000～2010 年土地利用转移矩阵　　（单位：km²）

用地类型	耕地	林地	草地	灌丛	湿地	水域	建设用地	永久冰雪	裸地
耕地	96138.50	748.84	316.20	0.00	0.00	9.34	1879.86	0.00	137.50
林地	321.45	25047.30	353.63	5.56	0.00	21.30	15.43	0.00	55.25
草地	442.59	194.14	27016.90	0.00	0.00	40.43	267.98	0.00	94.52
灌丛	0.00	0.00	0.00	46295.37	0.00	0.15	2.16	0.00	0.00
湿地	0.00	0.00	0.00	0.00	715.74	0.00	0.00	0.00	0.00
水域	14.58	37.65	39.12	12.27	0.00	11476.93	0.00	0.00	10649.92
建设用地	0.00	0.00	0.00	0.00	0.00	0.00	842.28	0.00	0.00
永久冰雪	0.00	0.00	0.00	0.00	0.00	0.00	0.00	383.02	0.00
裸地	261.57	2088.66	889.81	3.01	0.00	114.43	23.53	0.00	261576.16

数据来源：欧空局 http://maps.elie.ucl.ac.be/CCI/viewer/index.php.

　　2010～2019 年，乌兹别克斯坦耕地面积继续减少，总面积降低了 1829.20km²，约减少 1.5%；水域资源继续减少，总面积减少约 2566.10km²，降幅约 17%；林地资源面积增加 1766.80km²，增长幅度约 5%；建设用地面积持续增加，面积增加了 1817.70km²，增幅为 46%；草地面积增加约 384.20km²；裸地面积增加约 444.60km²；灌丛、湿地及永久冰雪面积几乎不变（图 4-3）。

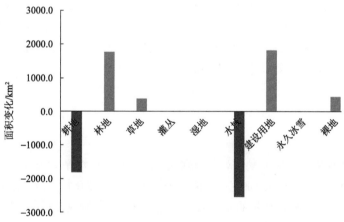

图 4-3　2010～2019 年乌兹别克斯坦土地利用变化
数据来源：欧空局 http://maps.elie.ucl.ac.be/CCI/viewer/index.php

　　2010～2019 年乌兹别克斯坦土地利用变化中，耕地约 1992.13 km² 转变为其他土地类型。其中耕地转变建设用地最多，为 1290.05 km²；其次是草地，为 422.69 km²。约有 580.71 km² 其他土地类型转变为耕地，其中草地面积最多，约有 239.89 km² 转变为耕地；林地面积约 197.53 km² 转变为耕地面积。

　　林地面积中，转变为草地面积最多，转变为耕地面积次之，约为 197.53 km²。其他类型土地转变林地面积中，裸地面积最多，约有 1427.70km² 转变为林地面积；其次为耕地面积。

草地面积中，转变为耕地面积最多，转变为林地面积次之。转变为草地的土地类型中，耕地面积最多。

其他土地利用类型之间相互转变较少（表 4-3）。

表 4-3　乌兹别克斯坦 2010～2019 年土地利用转移矩阵　　（单位：km²）

用地类型	耕地	林地	草地	灌丛	湿地	水域	建设用地	永久冰雪	裸地
耕地	95186.57	213.19	422.69	0.00	0.00	54.94	1290.05	0.00	11.27
林地	197.53	27660.34	230.86	0.00	0.00	4.40	14.12	0.00	9.34
草地	239.89	169.60	28086.11	0.00	0.00	13.50	74.77	0.00	31.79
灌丛	0.00	1.77	0.00	46305.56	0.00	3.16	5.71	0.00	0.00
湿地	0.00	3.47	0.00	0.00	712.19	0.00	0.00	0.00	0.00
水域	0.31	3.78	5.25	0.31	0.00	9472.53	0.08	0.00	2180.32
建设用地	0.00	0.00	0.00	0.00	0.00	0.00	3031.25	0.00	0.00
永久冰雪	0.00	0.00	0.00	0.00	0.00	0.00	0.00	383.02	0.00
裸地	142.98	1427.70	167.21	0.00	0.00	133.95	17.82	0.00	270623.69

数据来源：欧空局 http://maps.elie.ucl.ac.be/CCI/viewer/index.php.

总体而言，2000～2019 年，乌兹别克斯坦耕地面积不断减少。原因主要为：随着经济的发展使城市地域持续向外扩张，城市周边耕地被侵占，建设用地增加而耕地面积缩小。除此之外，水域面积大量减少，也是耕地面积缩小的重要原因，而咸海的大面积干涸则成为裸地增加的主要原因之一。乌兹别克斯坦近 20 年来水域面积持续减少，1995～2019 年共减少了 16262.1km²，永久冰川和咸海等湖泊萎缩，导致水域面积大量减少。林地、草地、建设用地与裸地面积持续增加。

4.2　农业生产能力及其地域格局

本节主要从食物供给端出发，对乌兹别克斯坦的耕地资源基础及农业生产能力进行评价。首先探讨 1995 年以来乌兹别克斯坦的耕地资源的时空变化格局及乌兹别克斯坦的主要农作物和粮食的播种面积及产量的变化情况；定量分析乌兹别克斯坦分州的农业生产能力。

4.2.1　乌兹别克斯坦耕地资源分析

1995～2019 年，乌兹别克斯坦耕地面积和人均耕地面积总体呈现下降趋势。1995 年耕地面积为 447.50 万 hm²，到 2019 年耕地面积下降到 403.35 万 hm²，下降约 10%；其中 2002～2014 年间耕地面积减少较快，年减少约 3.66 万 hm²。人均耕地面积变化趋势基本与耕地总面积变化总体趋势基本相同，呈现下降趋势。1995～2019 年，由于人口的增长和耕地面积的减少，使得人均耕地呈现下降趋势，由 1995 年的人均 0.20hm² 减少到 2019 年人均 0.12 hm^2（图 4-4）。

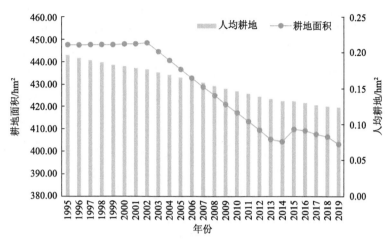

图 4-4　1995～2019 年乌兹别克斯坦耕地面积及人均耕地占有量变化态势

数据来源：FAO

　　空间分布上，乌兹别克斯坦的耕地资源主要分布于乌兹别克斯坦东部的天山山脉与拉夫尚山的山麓地区、费尔干纳盆地、阿姆河支流流经区域、艾达尔库尔湖所在地附近和图兰低地与阿姆河上游地区。中部克孜勒库姆沙漠区域耕地资源极少。具体到各州，费尔干纳州、安集延州、锡尔河州和花拉子模州耕地资源分布较多。其他州耕地资源分布较少，纳沃伊州耕地资源极少（图 4-5）。

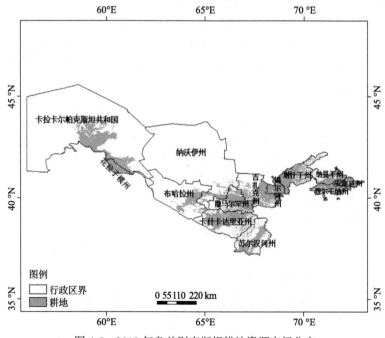

图 4-5　2019 年乌兹别克斯坦耕地资源空间分布

1995～2019 年，乌兹别克斯坦粮食种植面积下降，从 165.61 万 hm² 下降到 153.89 万 hm²。作物面积持续减小，从 1995 年的 484.30 万 hm² 降低到 443.73 hm²。乌兹别克斯坦粮作比例的变化趋势与粮食面积相似，但由于作物面积的降低使其变化幅度更大。1995～2019 年，乌兹别克斯坦粮作比例基本不变，仅上升 0.48%。但稳定性较差，粮作比例 1996 年最高，为 37.96%；1999 年最低，为 29.04%，相差 8.92%（图 4-6）。

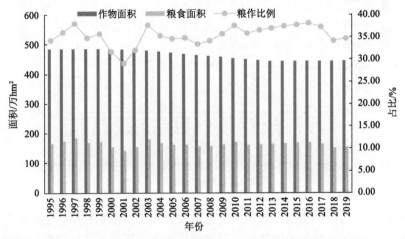

图 4-6　乌兹别克斯坦 1995～2019 年粮食种植面积及粮作比例变化

4.2.2　乌兹别克斯坦土地生产能力分析

2000～2019 年，乌兹别克斯坦多数农作物产量呈现增长趋势。其中，主要粮食作物中，小麦产量由 368.42 万 t 增长至 609.35 万 t；玉米产量由 13.06 万 t 增长至 42.13 万 t。主要经济作物中，蔬菜产量增长最快，由不到 300 万 t 增长至 998.46 万 t；块茎产量增幅较大，由 73.11 万 t 增长至 308.97 万 t；水果产量较少，增幅有限；棉花与油料产量有所降低，降幅不明显（图 4-7）。

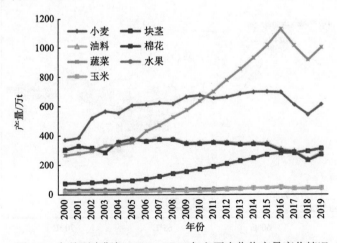

图 4-7　乌兹别克斯坦 2000～2019 年主要农作物产量变化情况

乌兹别克斯坦牲畜养殖主要为牛、羊和禽类。2000~2019 年，乌兹别克斯坦各类牲畜养殖数量除猪外，总体都呈现增长趋势。具体来看：

羊的养殖数量较少，但保持增长趋势，从 886.36 万只增至 2190.69 万只，每年增长约 8%。

牛的养殖数量变化与羊的变化趋势相似，但增幅较小，由 528.18 万头增长至 1294.97 万头，增长了近 2.5 倍。

2000~2019 年，禽类的数量由 1452.10 万只增长至 7395.00 万只，一直保持增长趋势，增长了 5 倍左右。

猪养殖规模最小，2000~2019 年养殖数量呈波动下降，其中 2000~2003 年由 8.30 万头下降至 7.54 万头，2003~2011 年产量开始上升，在 2011 年达到峰值 10.00 万头，2011~2019 年，产量又开始下降，截至 2019 年产量下降至 5.48 万头（图 4-8）。

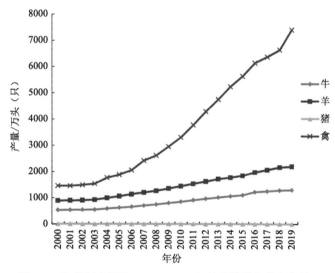

图 4-8　乌兹别克斯坦 1995~2019 年牲畜数量及其变化情况

2000~2019 年，乌兹别克斯坦肉蛋奶产量总体呈现增长趋势。其中，奶产量增长最快，由 353.72 万 t 增长到 1066.23 万 t；肉类产量增长较缓，由 50.44 万 t 增长到 119.08 万 t；蛋类产量由 6.91 万 t 增长到 43.56 万 t（图 4-9）。

根据乌兹别克斯坦统计局将谷物与豆类划分为粮食，本书为方便统计，认为粮食即为谷物与豆类。1995~2019 年，乌兹别克斯坦粮食产量总体呈增长态势，粮食产量从 338.95 万 t 增长到 708.08 万 t，增长约一倍。粮食单产变化趋势与总量变化趋势基本一致，呈现增长态势，由 1995 年地均 2046.67kg/hm² 增长到 2019 年地均 4601.04kg/hm²，平均年增长约 5%（图 4-10）。

乌兹别克斯坦粮食作物主要包括小麦、水稻、大麦和玉米。1995~2019 年，小麦和玉米生产比重上升，而水稻与大麦占比下降。其中小麦为最主要的粮食作物，小麦产量占粮食作物产量的 70% 以上。1995~2019 年，小麦产量占比上升，从 74.34% 上升至

87.51%。玉米产量占比从 1995 年的 5.53%上升至 2019 年的 6.05%。水稻和大麦产量占比较少，到 2019 年分别仅为 4.52%和 1.92%，不足 5%（图 4-11）。

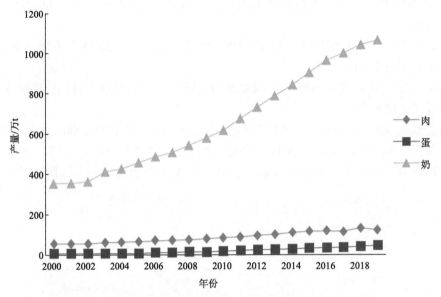

图 4-9　乌兹别克斯坦 1995~2019 年内蛋奶产量及其变化情况

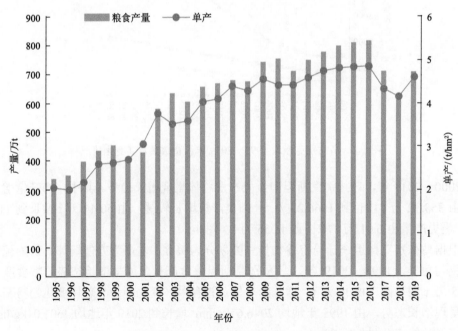

图 4-10　乌兹别克斯坦 1995~2019 年粮食产量及单产变化情况

数据来源：FAO

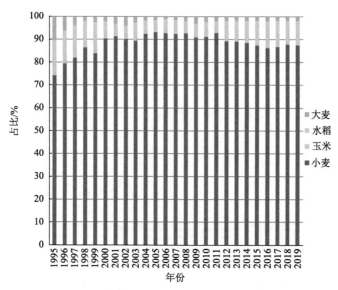

图 4-11 乌兹别克斯坦 1995～2019 年主要粮食作物占比

4.2.3 乌兹别克斯坦农产品进出口分析

2000～2019 年，乌兹别克斯坦的农产品进口以谷类、糖类和饲料为主。谷物出口量从 2000 年的 148.56 万 t 增长至 2019 年的 304.83 万 t，增长了 1 倍左右；糖类进口量从 15.78 万 t 增长至 64.65 万 t，增长了近 3 倍；饲料进口量从不进口至 2019 年的 38.55 万 t（图 4-12）。

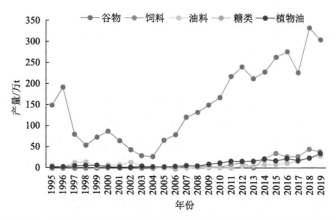

图 4-12 乌兹别克斯坦 1995～2019 年农产品出口量及其变化情况

2000～2019 年，乌兹别克斯坦的农作物出口以谷类、水果和蔬菜为主。蔬菜出口量从 2000 年的 18.68 万 t 增长至 2019 年的 60.35 万 t，增长了 2 倍左右；水果出口量从 6.78 万 t 增长至 60.33 万 t，增长了近 8 倍；从 1995 年的 1.93 万 t 增长至 2019 年的 69.56 万 t，粮食出口量增长 35 倍；豆类出口量从 1995 年不出口豆类至 2008 年的 0.59

万 t，逐渐增长至 2019 年 16.16 万 t，从 2008 年开始增长，截至 2019 年增长至 16.16
万 t（图 4-13）。

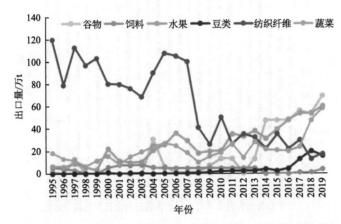

图 4-13　乌兹别克斯坦 1995～2019 年农产品出口量及其变化情况

4.2.4　分州粮食生产能力分析

乌兹别克斯坦下设 12 个州和一个自治共和国（卡拉卡尔帕克斯坦共和国）。本书分
州分析乌兹别克斯坦的粮食生产能力。

通过对不同农作物在各州的产量分布分析发现，主要粮食作物分布中，小麦主要分
布于乌兹别克斯坦中南部的卡什卡达里亚州、撒马尔罕州和苏尔汉河州，区域内土壤
肥沃、水分适宜，适合小麦生长。其中，卡什卡达里亚州产量最高，2019 年达到 89.92
万 t。

玉米主要分布在乌兹别克斯坦东部费尔干纳谷地的安集延州、费尔干纳州和塔什干
州，这里温度适宜、日照时间短、水资源充足。其中，2019 年安集延州玉米产量最高约
7.27 万 t。

水稻作物分布在乌兹别克斯坦西部在花拉子模州和卡拉卡尔帕克斯坦共和国，位于
图兰低地、阿姆河下游，区域内有萨雷卡梅什湖、咸海，这里高温、多湿、短日照，适
宜水稻生长。其中 2019 年花拉子模州水稻作物产量最高约 13.06 万 t。

食用豆类作物在吉扎克州和撒马尔罕州分布较多，二者食用豆类作物产量在 6 万 t
以上。

块茎类作物在温度较低、土壤疏松、凉爽湿润的撒马尔罕州、安集延州、塔什干州
和费尔干纳州分布较多。其中撒马尔罕州块茎类作物产量最高约 62.26 万 t。

主要经济作物分布中，油料产量较多的州有苏尔汉河州、安集延州和卡拉卡尔帕克
斯坦共和国，苏尔汉河州油料产量最高为 2.08 万 t。

蔬菜主要分布在乌兹别克斯坦东部的安集延州、撒马尔罕州、费尔干纳州和塔什干
州，安集延州蔬菜产量最高为 159.69 万 t。

乌兹别克斯坦水果以瓜类和葡萄为主，其中瓜类主要分布在乌兹别克斯坦中南部的苏尔汉河州、吉扎克州与锡尔河州等地区，其中苏尔汉河州瓜类产量达到了 29.51 万 t；撒马尔罕州葡萄产量最高，约为 56.44 万 t（表 4-4）。

表 4-4 乌兹别克斯坦各分区 2019 年农作物产量情况 （单位：t）

分区	小麦	玉米	水稻	块茎	豆类	油料	蔬菜	瓜类	葡萄
卡拉卡尔帕克斯坦共和国	172596	18129	79874	83691	6132	12359	273874	146776	10166
安集延州	479857	72713	34681	369141	31789	18939	1596891	174178	77630
布哈拉州	443213	38349	290	215599	6617	4698	728991	171585	199397
吉扎克州	536771	36180	915	79267	69018	7067	424044	262335	28838
卡什卡达里亚州	899160	4063	0	173638	8530	3990	494791	163174	97031
纳沃伊州	205840	10380	111	79281	5073	1047	284559	91986	77724
纳曼干州	406366	38545	11548	282924	38575	8719	811926	86122	120994
撒马尔罕州	644921	24192	223	622594	66833	4068	1584767	129114	564423
苏尔汉河州	551953	18250	4006	324158	22829	20824	971935	295109	94125
锡尔河州	437798	31379	11833	59876	31946	1799	300940	237039	12380
塔什干州	485712	45302	18445	366692	15492	4445	1066237	58984	111321
费尔干纳州	547976	70044	22153	310282	32493	1578	1090376	112917	166107
花拉子模州	281302	13745	130578	122517	4303	3124	585728	139345	43172

分析各州粮食产量发现，2019 年位于乌兹别克斯坦南部的卡什卡达里亚州、撒马尔罕州、吉扎克州等地区的粮食产量较高，其中因地处卡什卡达里亚河流域、地势平坦，卡什卡达里亚州粮食产量最高，达到 89.34 万 t，为粮食总产量的 12.62%；撒马尔罕州为 71.97 万 t，占粮食总产量的 10.16%；吉扎克州为 67.72 万 t，占粮食总产量的 9.56%。纳曼干州、花拉子模州、卡拉卡尔帕克斯坦共和国和纳沃伊州等地区粮食产量相对较低，纳沃伊州的粮食产量最少，为 22.63 万 t，占粮食总产量的 3.20%（表 4-5）。

表 4-5 乌兹别克斯坦各分区 2019 年粮食产量及占比

分区	产量/万 t	占比/%	分区	产量/万 t	占比/%
卡什卡达里亚州	89.34	12.62	布哈拉州	54.19	7.65
撒马尔罕州	71.97	10.16	锡尔河州	49.42	6.98
吉扎克州	67.72	9.56	纳曼干州	47.26	6.67
费尔干纳州	64.25	9.07	花拉子模州	41.35	5.84
安集延州	59.03	8.34	卡拉卡尔帕克斯坦共和国	27.93	3.94
苏尔汉河州	58.62	8.28	纳沃伊州	22.63	3.20
塔什干州	54.37	7.68			

数据来源：乌兹别克斯坦统计年鉴。

从粮食产量变化可以看出，2010～2019 年，卡什卡达里亚州粮食产量最高，其次是撒马尔罕州。2010～2016 年，卡什卡达里亚州、撒马尔罕州和费尔干纳州粮食产量排前三，2019 年卡什卡达里亚州、撒马尔罕州和吉扎克州粮食产量排前三。

各州的变化趋势来看，费尔干纳州、纳曼干州和花拉子模州粮食产量呈现增长趋势，卡什卡达里亚州、撒马尔罕州、吉扎克州、锡尔河州、安集延州、苏尔汉河州、塔什干州、布哈拉州、卡拉卡尔帕克斯坦共和国和纳沃伊州呈现下降趋势（表 4-6）。

表 4-6 乌兹别克斯坦各分区粮食产量及其变化趋势　　　　（单位：t）

分区	2010 年	2013 年	2016 年	2019 年
卡什卡达里亚州	996957.42	1003421.38	1055227.54	893368.42
撒马尔罕州	805565.15	834301.45	864143.96	719747.17
费尔干纳州	528030.29	537637.24	547035.57	677169.14
吉扎克州	760348.60	773708.76	785752.12	642525.96
苏尔汉河州	609466.93	651130.64	671385.61	590307.11
安集延州	630313.85	644220.60	651944.57	586169.74
塔什干州	724241.63	738653.19	689059.11	543729.75
布哈拉州	620795.84	627551.34	674667.07	541944.76
纳曼干州	461704.54	542599.41	592983.90	494163.12
锡尔河州	492952.40	513713.73	564493.92	472605.16
花拉子模州	334227.48	417141.27	488406.50	413464.31
卡拉卡尔帕克斯坦共和国	300131.63	222634.45	291332.41	279277.59
纳沃伊州	247447.22	260696.38	276672.92	226303.77

数据来源：乌兹别克斯坦统计年鉴。

从 2019 年地均粮食产量来看，锡尔河州和安集延州地均粮食最高，地均产量达到 2.40t/hm^2；其次是纳曼干州和费尔干纳州，2019 年地均产量 2.24t/hm^2。撒马尔罕州、卡什卡达里亚州、塔什干州、花拉子模州、吉扎克州和卡拉卡尔帕克斯坦共和国 6 个地区地均产量较少，不足 2t/hm^2，其中卡拉卡尔帕克斯坦共和国地均粮食产量最少，地均产量为 0.94t/hm^2。

从地均粮食产量的变化趋势来看，锡尔河州、安集延州、纳曼干州、纳沃伊州、撒马尔罕州、花拉子模州和吉扎克州地均粮食产量呈现增长趋势，费尔干纳州、苏尔汉河州、布哈拉州、卡什卡达里亚州、塔什干州和卡拉卡尔帕克斯坦共和国呈现下降趋势（表 4-7）。通过对比耕地面积、各州粮食生产量与地均粮食产量，发现卡拉卡尔帕克斯坦共和国和花拉子模州由于粮食单产低导致粮食产量较低；卡什卡达里亚州、撒马尔罕州和吉扎克州虽然耕地面积与粮食产量均为乌兹别克斯坦前三位，但地均产量较低；地均产量较高的地区主要分布于水分适宜的乌兹别克斯坦东部地区。

表 4-7　乌兹别克斯坦 2019 年各分区地均粮食产量及其变化趋势　（单位：t/hm²）

分区	2010 年	2011 年	2012 年	2013 年	2014 年	2015 年	2016 年	2017 年	2018 年	2019 年
锡尔河州	1.74	1.86	2.01	2.13	2.24	2.26	2.31	1.67	1.66	2.40
安集延州	2.35	2.33	2.48	2.56	2.62	2.63	2.64	2.30	2.17	2.40
纳曼干州	1.96	1.93	2.00	2.09	2.19	2.23	2.27	2.24	2.01	2.24
费尔干纳州	2.32	2.27	2.34	2.41	2.46	2.44	2.46	1.78	1.90	2.24
纳沃伊州	2.08	2.12	2.24	2.30	2.33	2.36	2.42	2.38	1.81	·2.16
苏尔汉河州	2.06	1.90	1.99	2.05	2.08	2.07	2.07	1.96	1.68	2.04
布哈拉州	2.28	2.25	2.30	2.36	2.54	2.52	2.54	2.20	1.86	2.01
撒马尔罕州	1.92	1.95	2.15	2.09	2.10	2.11	2.18	1.76	1.44	1.94
卡什卡达里亚州	1.80	1.54	1.68	1.83	1.87	1.92	1.94	1.69	1.38	1.78
塔什干州	1.81	1.65	1.73	1.87	1.96	1.90	1.77	1.47	1.36	1.77
花拉子模州	1.30	1.19	1.32	1.69	1.73	1.76	1.87	1.85	1.47	1.67
吉扎克州	1.20	1.08	1.19	1.23	1.24	1.23	1.24	1.30	1.15	1.66
卡拉卡尔帕克斯坦共和国	1.00	0.77	0.96	0.86	0.85	0.95	1.03	0.93	0.85	0.94

数据来源：乌兹别克斯坦统计年鉴。

4.3　食物消费结构与膳食营养水平

本节基于 FAO 乌兹别克斯坦居民食物消费量，从乌兹别克斯坦居民食物结构与膳食营养来源两个角度探讨 2018 年乌兹别克斯坦居民食物消费情况，首先分析乌兹别克斯坦居民食物消费量，再定量分析乌兹别克斯坦居民热量、蛋白质与脂肪的来源，分析乌兹别克斯坦居民食物消费结构与膳食营养水平。

4.3.1　乌兹别克斯坦居民食物消费结构

乌兹别克斯坦地处中亚腹地，属严重干旱的大陆性气候区，大部分地区是干旱区和沙漠区，乌兹别克斯坦的气候特点是冬季寒冷，雨雪不断；夏季炎热，干燥无雨，昼夜温差大。

乌兹别克斯坦居民传统主食为馕，随着城镇化和饮食模式俄罗斯影响，面包逐渐成为主食之一。抓饭与烤肉串是不可或缺的辅助性食物。抓饭是乌兹别克斯坦人过节、待客最重要的民族特色美食。乌兹别克斯坦人饮食多油腻，烹调以炖为主，多是汤菜类，餐后必饮红茶，佐以点心。吃抓饭、烤肉串、炖菜时，洋葱也不可或缺。

在乌兹别克斯坦的饮食结构中，以蔬菜、奶类与粮食为主。乌兹别克斯坦是中亚地区重要的蔬菜产地，盛产番茄、黄瓜、胡萝卜、洋葱以及卷心菜。因夏季炎热且长和昼夜温差显著决定该地区盛产水果，如苹果、杏子、西瓜、哈密瓜、葡萄等。小麦是乌兹别克斯坦的主要粮食作物，因气候炎热干旱、小麦生长期长，因此乌兹别克斯坦小麦质量优良、面粉韧劲好。乌兹别克斯坦居民的主食为面包、馕、烤包子、拉条子、面肺子等面食。玉米与水稻盛产于水分条件较好的河谷地区和灌溉农业区。手抓饭是大米制成的乌兹别克斯坦著名美食。块茎类作物马铃薯也是乌兹别克斯坦重要的粮食作物之一。乌兹别克斯坦畜牧业有着悠久的历史且发展迅速。在乌兹别克斯坦的饮食结构中，肉制品所占的比重较大。肉食原料主要是鸡、羊与牛，多数人由于宗教信仰的原因不食猪肉。

乌兹别克斯坦居民各类食物消费以蔬菜、奶类以及粮食为主，2019年人均蔬菜消费量约为324.30kg；其次是奶类，2019年人均消费量为321.13kg；粮食年人均消费量约为314.84kg；水果、块茎类消费也较多，水果人均消费约106.35kg，块茎类人均消费约80.71kg（图4-14）。

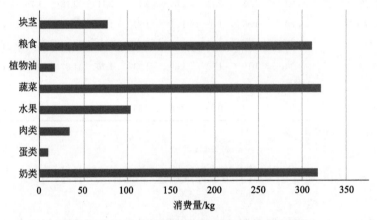

图 4-14　2019 年乌兹别克斯坦居民食物消费结构

4.3.2　乌兹别克斯坦居民膳食营养来源

能量、蛋白质和脂肪是人体生理活动所必需的三类主要营养素。居民营养素的摄取水平决定于食物消费结构和消费量，当食物种类和消费数量确定后，由其提供的热量、蛋白质和脂肪的量就已经确定。计算营养素摄取水平的基础工具是主要食物营养素成分表，研究采用食物营养素成分表，把居民消费的食物分为9大类，表中每类食物的营养素成分是建立在每种食物的营养含量基础之上的加权平均值（表4-8）。

表 4-8　主要食物营养素成分计算表

项目	粮食	植物油	食糖	蔬菜	水果	肉类	蛋类	奶类	块茎
热量/kcal	3277	3504	700	266	430	1210	1392	610	670
蛋白质/g	116	132	13	13	13.7	132	107	33	16
脂肪/g	23	311	1	1.8	11.9	79.4	98	33	1

注：每千克食物营养素提供量；数据来源：根据 FAO 计算获得。

根据食物营养成分换算表，利用营养素转换模型对乌兹别克斯坦居民热量和蛋白质摄入量进行转换计算得到，乌兹别克斯坦居民热量摄入量约为 2990kcal，蛋白摄入量约为 93g。植物性热量约占 80%，植物性蛋白约占 3/4，植物性食物仍是其主要热量和蛋白质的来源。从营养素来源看，粮食、奶类和蔬菜对热量贡献较多，分别占到 66.74%、12.76% 和 5.62%；蛋白质主要来源于粮食、奶类和肉类，分别占到 58.23%、17.03% 和 7.67%（图 4-15）。

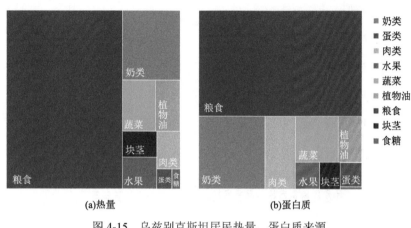

图 4-15　乌兹别克斯坦居民热量、蛋白质来源

4.4　土地资源承载力与承载状态

本节基于粮食产量和各种农作物以及肉蛋奶产量，从全国与次级行政单元两个角度分析乌兹别克斯坦土地资源承载力与承载状态，首先基于人粮平衡与当量平衡评估乌兹别克斯坦土地资源承载力，再分州分析土地资源承载力的空间格局。

4.4.1　基于人粮平衡的土地资源承载力评价

1. 基于人粮平衡的土地资源承载力

国家水平上，1995～2018 年，乌兹别克斯坦土地资源承载力总体为先上升后下降的趋势，地均承载人口数也随之改变（图 4-16）。

根据乌兹别克斯坦居民消费水平以及膳食营养需求结构分析，以 2014～2018 年乌兹别克斯坦居民人均粮食消费为 303.81kg 为标准计算乌兹别克斯坦土地资源承载力，研究表明：

1995～2019 年，乌兹别克斯坦土地资源人口承载力一直低于现实人口数，其中 1995 年可承载人口数为 1115.66 万人，远低于现实人口数量的 2279 万人。1995～2016 年，随着粮食产量的逐步增加，土地资源承载力波动上升，2016 年可承载人口数与现实人口数相差仅 460.38 万人，其中 2009 年可承载人口数量与现实人口数量差距最小，仅相差 369.53 万人。

2016 年以来，乌兹别克斯坦土地资源可承载人口数量逐渐下降，与现实人口数差距增大，

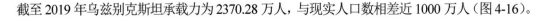

截至 2019 年乌兹别克斯坦承载力为 2370.28 万人，与现实人口数相差近 1000 万人（图 4-16）。

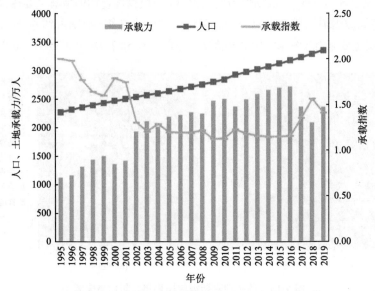

图 4-16　1995～2019 年基于人粮平衡的乌兹别克斯坦土地资源承载力

数据来源：FAO

2. 基于人粮平衡的土地资源承载状态

1995～2019 年以来，乌兹别克斯坦土地资源承载状态从严重超载改善至超载再至过载转变。1995～2001 年以及 2018 年，乌兹别克斯坦土地资源承载指数超过 1.5，土地资源承载力表现为粮食短缺、土地严重超载；2002～2004 年以及 2017 和 2019 年，随着粮食产量的逐步增加，土地资源承载力随之提高，土地承载指数介于 1.25～1.5 之间，人粮关系处于过载状态；2005～2016 年，乌兹别克斯坦粮食产量继续增加，土地资源承载指数介于 1.123～1.25 之间，人粮关系从过载向超载转变（图 4-16）。

根据粮食产量变化可知，2017～2018 年粮食减产导致土地资源承载力迅速下降，承载指数上升。

4.4.2　基于当量平衡的土地资源承载力评价

1. 基于热量平衡的土地资源承载力与承载状态

根据乌兹别克斯坦居民膳食能量消费量与乌兹别克斯坦生产的食物中被居民消费的部分，计算乌兹别克斯坦食物消费的能量与生产食物的能量，以获取乌兹别克斯坦基于热量平衡的土地资源人口承载力。

以热量平衡计算结果可知，1995～2019 年，乌兹别克斯坦基于热量平衡的人口承载力增长显著，承载人口从 1995 年的 2076.65 万人增长到 2019 年的 3441.61 万人，增长近

2/3；单位面积耕地的可承载人口数从 1996 年 4.64 人/hm² 增加至 2019 年 8.47 人/hm²；
1995～2017 年和 2019 年承载人数大于人口数量，基于热量平衡的乌兹别克斯坦土地资源承载力在波动上升（图 4-17）。

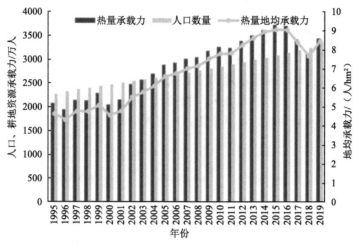

图 4-17　1995～2019 年基于热量平衡的乌兹别克斯坦土地资源承载力

数据来源：FAO

　　1995～2019 年，基于热量平衡的乌兹别克斯坦土地资源承载指数从临界超载状转变为盈余状态再转变为盈余状态。1995 年、1997 年、1999 年、2002～2003 年以及 2008 年承载指数介于 1.125～1.25 之间，人地关系处于临界超载状态；1996 年、1998 年和 2000～2001 年，承载指数介于 1.125～1.25 之间，处于超载状态；2004～2011 年和 2017 年及 2019 年，承载指数介于 0.875～1 之间，承载状态达到平衡有余状态；2012～2016 年，承载指数介于 0.75～0.875之间，人地关系处于盈余状态。从 1995～2019 年，人地关系逐步得到改善（图 4-18）。

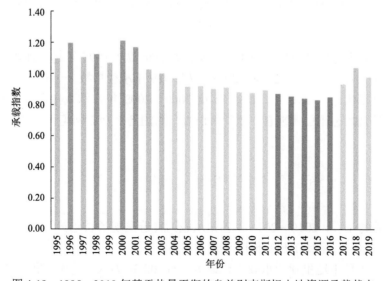

图 4-18　1995～2019 年基于热量平衡的乌兹别克斯坦土地资源承载状态

2. 基于蛋白质平衡的土地资源承载力与承载状态

根据乌兹别克斯坦居民膳食蛋白质需要量，以近五年来的平均值 93.33g 为标准，计算乌兹别克斯坦粮食、植物油、糖类、水果、肉类、奶类、蛋类、块茎类等产量所对应的蛋白质含量，以获取乌兹别克斯坦基于蛋白质平衡的土地资源人口承载力。

从蛋白质平衡计算结果可知，1995～2019 年，乌兹别克斯坦基于热量平衡的人口承载力增长显著，承载人口从 1995 年的 3264.54 万人增长到 2019 年的 4754.71 万人，承载人口数量增长近三成；单位面积耕地的可承载人口数从 1996 年 7.30 人/hm² 增加至 2019 年 11.70 人/hm²，增加了近 1/2；承载人口数量一直高于乌兹别克斯坦人口数量，基于蛋白质平衡的土地资源承载力较好；基于蛋白质平衡的乌兹别克斯坦土地资源承载力在波动上升（图 4-19）。

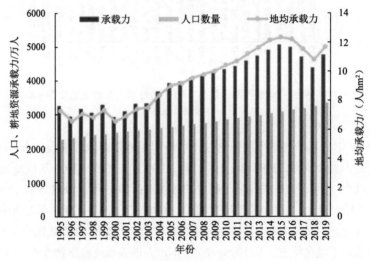

图 4-19　1995～2019 年基于蛋白质平衡的乌兹别克斯坦土地资源承载力

数据来源：FAO

基于蛋白质平衡的乌兹别克斯坦土地资源承载指数从 1995 年起一直处于盈余状态。1995 年、1997 年、1999 年、2004～2018 年和 2019 年承载指数介于 0.5～0.75 之间，人地关系处于富裕状态；1996 年、1998 年及 2000～2003 年，承载指数介于 0.75～0.875 之间，处于盈余状态；总体来看，基于蛋白质平衡的乌兹别克斯坦土地资源承载状态良好（图 4-20）。

4.4.3　分州土地资源承载力及承载状态

分州承载力来看，2010～2016 年各州承载力普遍呈现增长趋势。其中，卡什卡达里亚州、撒马尔罕州、塔什干州等地区承载力较高。

2010 年，卡什卡达里亚州承载人口最多，为 502.34 万人；其次为撒马尔罕州，承载

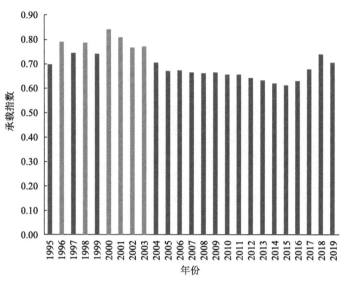

图 4-20　1995～2019 年基于蛋白质平衡的乌兹别克斯坦土地资源承载状态

人口为 405.90 万人；排在第三位的是塔什干州，能够承载 364.93 万人；费尔干纳州、安集延州、苏尔汉河州与布哈拉州的承载人口在 200 万～300 万人之间；纳沃伊州承载人口最少，仅 93.51 万人。

2013 年较 2010 年，除卡拉卡尔帕克斯坦共和国外，各州承载人口均有所提高，其中卡什卡达里亚州承载人口最多，到达 504.13 万人；撒马尔罕州、塔什干州与费尔干纳州承载人口超过 250 万人；卡拉卡尔帕克斯坦共和国承载人口最少，仅 83.89 万人。

2016 年与 2013 年承载人口相比，承载人口数提高较多，卡什卡达里亚州最多为 529.63 万人；撒马尔罕州、塔什干州、费尔干纳州、安集延州和布哈拉州承载人口均超过 250 万人；纳沃伊州承载人口最少，但也有所增长，为 104.15 万人。

除了吉扎克州外，2019 年各州承载人口较 2016 年降低较多。卡什卡达里亚州承载人口最多，为 446.84 万人，不及之前的 500 万人以上；撒马尔罕州土地资源承载力下降至 400 万人以下，为 360.00 万人；塔什干州、吉扎克州、费尔干纳州、安集延州、苏尔汉河州和布哈拉州可承载人口数均超过 200 万人，但仅吉扎克州的承载人口数量上升；纳沃伊州承载人口最少，不足 100 万人，为 84.89 万人（表 4-9）。

地均承载力来看，2010～2016 年各州地均承载力普遍呈现增长趋势，但 2016～2019 年大部分地区地均承载力开始下降。其中，撒马尔罕州、安集延州与卡什卡达里亚州地均承载力较高。

2010 年，撒马尔罕州、塔什干州与卡什卡达里亚州的地均承载人口较多，约为 9 人/hm²；安集延州、费尔干纳州与布哈拉州次之，地均承载人口约为 8～9 人/hm²；花拉子模州、吉扎克州和卡拉卡尔帕克斯坦共和国地均承载人口较少，不足 5 人/hm²。

表 4-9　乌兹别克斯坦各分区土地资源承载力及其变化趋势　（单位：万人）

分区	2010 年	2013 年	2016 年	2019 年
卡什卡达里亚州	502.34	504.13	529.63	446.84
撒马尔罕州	405.90	419.16	433.72	360.00
塔什干州	364.93	371.11	345.84	271.96
吉扎克州	199.55	202.59	205.92	254.03
费尔干纳州	287.34	291.55	295.79	241.03
安集延州	230.32	245.36	252.73	221.44
苏尔汉河州	238.20	242.75	245.42	219.89
布哈拉州	234.61	236.47	253.97	203.30
锡尔河州	174.48	204.46	223.22	185.38
纳曼干州	186.29	193.58	212.50	177.29
花拉子模州	126.31	157.19	183.85	155.10
卡拉卡尔帕克斯坦共和国	113.42	83.89	109.67	104.77
纳沃伊州	93.51	98.23	104.15	84.89

数据来源：乌兹别克斯坦统计年鉴。

2013 年较 2010 年，各州地均承载人口有所增长，撒马尔罕州地均承载人口最多，约为 11 人/hm^2；安集延州、卡什卡达里亚州、塔什干州与费尔干纳州次之，地均承载人口约为 9～10 人/hm^2；吉扎克州和卡拉卡尔帕克斯坦共和国地均承载人口较少，不足 5 人/hm^2。

2016 年与 2013 年地均承载人口相比，除塔什干州，各州承载人口均有提高，撒马尔罕州地均承载人口最多，约 11 人/hm^2；安集延州、卡什卡达里亚州、费尔干纳州、纳沃伊州以及布哈拉州地均承载人口增长至约为 9～10 人/hm^2；吉扎克州和卡拉卡尔帕克斯坦共和国地均承载人口较少，不足 5 人/hm^2。

除锡尔河州有所增长，2019 年各州承载人口较 2016 年下降显著。撒马尔罕州、锡尔河州与安集延州地均承载人口最多，大于 9 人/hm^2；卡什卡达里亚州、塔什干州、纳曼干州、费尔干纳州以及纳沃伊州地均人口约为 8～9 人/hm^2；卡拉卡尔帕克斯坦共和国地均承载人口最少，约为 4 人/hm^2（表 4-10）。

表 4-10　乌兹别克斯坦各州地均土地资源承载力及其变化趋势　（单位：人/hm^2）

分区	2010 年	2013 年	2016 年	2019 年
撒马尔罕州	9.68	10.50	10.95	9.69
锡尔河州	6.58	8.02	8.68	9.01
安集延州	8.90	9.63	9.95	9.00
卡什卡达里亚州	9.06	9.20	9.71	8.90
塔什干州	9.10	9.42	8.86	8.86

续表

分区	2010 年	2013 年	2016 年	2019 年
纳曼干州	7.39	7.87	8.56	8.42
费尔干纳州	8.78	9.08	9.28	8.40
纳沃伊州	7.85	8.65	9.11	8.09
苏尔汉河州	7.78	7.74	7.80	7.67
布哈拉州	8.60	8.88	9.56	7.52
花拉子模州	4.91	6.36	7.03	6.26
吉扎克州	4.54	4.63	4.65	6.21
卡拉卡尔帕克斯坦共和国	3.79	3.24	3.88	3.51

数据来源：乌兹别克斯坦统计年鉴。

分州承载状态来看，各州承载状态均有所提高，由超载状态转变为平衡有余状态。2010 年，各州承载力水平较低，承载力差异明显，有 6 个州处于超载状态中，其中锡尔河州、卡什卡达里亚州与吉扎克州这 3 个州承载指数超过 1.5，处于严重超载状态；撒马尔罕州指数介于 1.125～1.25 之间，处于超载状态；塔什干州和布哈拉州承载指数介于 1.25～1.5 之间，处于过载状态。2 个州处于平衡状态，其中，苏尔汉河州承载指数介于 1～1.125 之间，处于临界超载状态；纳沃伊州承载指数介于 0.875～1 之间，处于平衡有余状态。其他 5 个州处于盈余状态，其中安集延州与费尔干纳州承载指数介于 0.75～0.875 之间，处于盈余状态；卡拉卡尔帕克斯坦共和国、纳曼干州与花拉子模州承载状态最好，承载指数介于 0.5～0.75 之间，处于富裕状态。

2013 年，大部分地区承载力相对 2010 年有一定程度的提升，4 个州承载状态处于盈余状态，3 个州处于平衡状态，6 个州处于超载状态。其中锡尔河州、卡什卡达里亚州与吉扎克州这 3 个州承载指数超过 1.5，处于严重超载状态；布哈拉州与塔什干州指数介于 1.125～1.25 之间，处于过载状态；撒马尔罕州承载指数介于 1.25～1.5 之间，处于超载状态。3 个州处于平衡状态，其中，纳沃伊州承载指数介于 1～1.125 之间，处于临界超载状态；苏尔汉河州以及花拉子模州承载指数介于 0.875～1 之间，处于平衡有余状态。其他 4 个州处于盈余状态，其中安集延州与费尔干纳州承载指数介于 0.75～0.875 之间，处于盈余状态；纳曼干州承载指数介于 0.5～0.75 之间，处于富裕状态；卡拉卡尔帕克斯坦共和国承载状态最好，承载指数小于 0.5 之间，处于富富有余状态。

2016 年，各州承载状态各有变化，有 5 个州处于超载状态，锡尔河州、卡什卡达里亚州承载力较低，处于严重超载状态；布哈拉州与吉扎克州处于过载状态，塔什干州处于超载状态。4 个州处于平衡状态，其中苏尔汉河州和花拉子模州处于平衡有余状态，纳沃伊州与撒马尔罕州处于临界超载状态。其余州均处于盈余状态，其中，安集延州、纳曼干州与费尔干纳州承载指数介于 0.75～0.875 之间，处于盈余状态；卡拉卡尔帕克斯坦共和国承载指数介于 0.5～0.75 之间，处于富裕状态。

2019 年，由于粮食产量的增长使得各州承载状态有显著提升，仅有锡尔河州、吉扎克州与卡什卡达里亚州处于超载状态。布哈拉州和撒马尔罕州处于平衡有余状态。其余州均处于盈余状态，其中，纳沃伊州、苏尔汉河州、塔什干州以及花拉子模州承载指数介于 0.75～0.875 之间，处于盈余状态；卡拉卡尔帕克斯坦共和国、安集延州、纳曼干州与费尔干纳州承载指数介于 0.5～0.75 之间，处于富裕状态，承载状态最好（图 4-21 和图 4-22）。

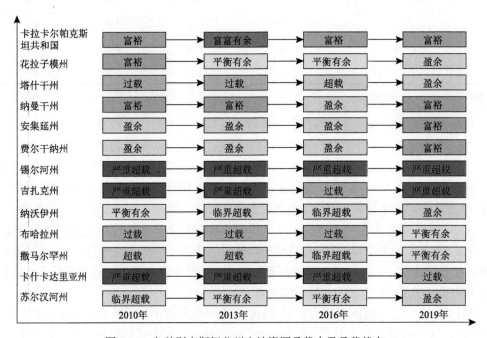

图 4-21　乌兹别克斯坦分州土地资源承载力及承载状态

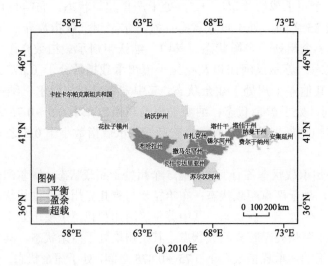

(a) 2010年

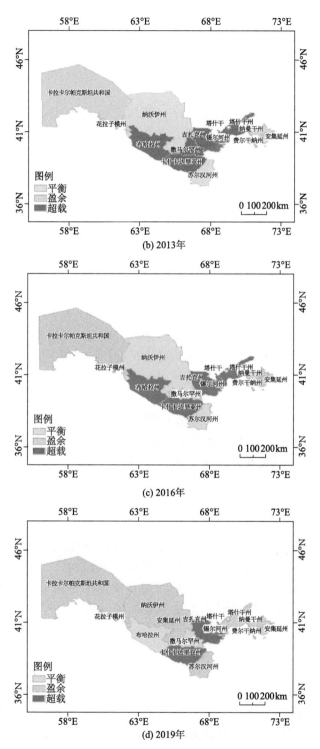

(b) 2013年

(c) 2016年

(d) 2019年

图4-22　乌兹别克斯坦分州土地资源承载力及承载状态空间分布

4.5 土地资源承载力适应策略

通过对乌兹别克斯坦土地资源生产、消费能力及其承载力、承载状态整体分析，探讨乌兹别克斯坦土地资源承载力存在的问题，并根据问题提出相应的建议与策略。

4.5.1 存在的问题

1. 耕地资源相对缺乏，土地退化

乌兹别克斯坦耕地资源较少，不足全国土地资源总量的 10%，耕地资源相对较为紧张。全国耕地资源分布不均，东部谷地及锡尔河与阿姆河和苏尔汉河流域地区耕地较多，有成片的耕地资源分布；中部与西部地区沙漠广布，耕地资源较少，只有零星的耕地分布，粮食产量也相对较少，土地资源承载力较低。随着经济的发展使城市面积持续向外扩张，部分耕地被侵占，转化为建设用地；同时咸海大面积干涸造成海底盐漠裸露，盐尘暴肆虐，土地退化，耕地转变为裸地。这导致耕地资源紧缺问题进一步加重。

由于乌兹别克斯坦人口密度高，之前大规模开荒导致土地高度盐碱化，甚至已经盐碱化的土地和不适于土壤改良的土地也被开垦。高需水作物的大面积种植导致土壤肥力下降、耕地贫瘠化，其风化和侵蚀程度也逐年增加。

2. 咸海萎缩，水资源严重不足

由于乌兹别克斯坦气候干旱，降水稀少，水资源主要来源于高山冰川融水。阿姆河与锡尔河分别位于乌兹别克斯坦的西部与东部，发源于塔吉克斯坦和吉尔吉斯斯坦，流经阿富汗、土库曼斯坦与哈萨克斯坦，最终注入咸海。二者是影响乌兹别克斯坦水资源多少最重要的河流。由于阿姆河与锡尔河上游大强度的水土开发导致位于中下游的乌兹别克斯坦地区河流水量明显减少，咸海面积萎缩，面积显著下降，水资源严重不足。

3. 水土资源配置不当

乌兹别克斯坦灌溉农业发展趋向于喜水作物和低效率的水资源管理模式，使水资源利用不当，水资源问题愈发严峻。乌兹别克斯坦干旱少雨，水土资源配置成为限制土地资源承载力的重要因素。大部分地区灌溉技术发展水平低，采用大水漫灌和沟灌等方法导致地下水水位不断上升，导致土壤盐渍化严重，每年春季与秋季消耗大量水资源进行洗盐。水库与灌渠建设没有做好防渗措施，加之阿姆河与锡尔河的中下游穿过沙漠，蒸

发量大，导致灌溉网络传输效率低。

4.5.2　提升策略与增强路径

1. 提升耕地数量质量，夯实农业生产基础

结合乌兹别克斯坦国家土地资源承载力影响因素可以看出，耕地面积的增加直接影响土地资源承载力的变化，而且提升土地资源承载力需要夯实农业生产的耕地基础和利用科技手段，把其他用地转变为耕地来增加耕地面积，提高耕地质量可以有效提升土地资源承载力。一方面，对现有耕地进行保护，改良土壤质量，转变主要耕种作物，由大量种植高需水作物转变低需水作物和抗盐作物。另一方面，利用乌兹别克斯坦的工业优势，推动农业机械化和现代化发展，利用先进的灌溉制度和农艺方法，提高水资源利用率、防治土壤盐渍化，提升土壤质量。

2. 发挥自然条件优势，推动农业科技发展

乌兹别克斯坦农业发展历史悠久，日照时间长、光照丰富、温差大、耕地土壤肥沃，使得当地农产品丰富。水果、蔬菜以及畜牧业优势显著，是中亚地区农产品市场的重要战略基地。同时乌兹别克斯坦农业科技能力较强，一方面，可以研发抗盐、低需水作物，以提高农产品产量；增加农业机械使用率，兴修电力水利工程，加强农田水利建设等，提高水资源利用率，节水的同时进一步提高粮食单产水平。另一方面，可以开展农业技术培训，提高农业从业者生产技能水平，促进农业模式精细化发展，保障农业高产稳产。通过不断的提高农业科技化水平，更好的发挥土地资源的生产能力，为土地资源承载力的发展提供保障。

3. 合理配置水土资源

乌兹别克斯坦水土资源配置不合理，严重制约了农业生产力的提升。因此，为保证有效和稳定的粮食供给，乌兹别克斯坦应合理利用有限的水资源。通过提高灌溉网络的传输效率（如引水渠做好防渗措施和采用滴灌、喷灌等节水灌溉措施）、调整农作物结构，增加耗水少的作物面积，增加耐盐性作物的方法减少灌溉引水量。与阿姆河、锡尔河上游国家协调，严格按照各国家各地区的实际需水量分配水资源。采取地下水与地表水灌溉相结合的方式来避免地下水位上升；对于地下水位高且水质差的地区，采取垂直排水的方法进行排水，降低蒸发量与盐分的积累。

4.6　本　章　小　结

乌兹别克斯坦耕地资源整体下降，2019 年较 1995 年减少了 447.50 万 hm^2。人均耕地面积也呈下降趋势，2019 年减少到 0.12 hm^2，较 1995 年减少了 0.08hm^2。空间分布上，

耕地资源分布于东部的天山山脉与拉夫尚山的山麓地区和费尔干纳盆地。乌兹别克斯坦耕地面积和人均耕地面积总体呈现下降趋势。乌兹别克斯坦多数农作物产量呈现增长趋势。乌兹别克斯坦南部的卡什卡达里亚州、撒马尔罕州、吉扎克州等地区的粮食产量较高，纳曼干州、花拉子模州、卡拉卡尔帕克斯坦共和国和纳沃伊州等地区粮食产量相对较低。乌兹别克斯坦居民各类食物消费以蔬菜、奶类以及粮食为主。基于人粮平衡的土地资源承载力先上升后下降，地均承载人口数也随之改变；基于当量平衡的土地资源承载力评价增长显著；分州承载力来看，各州承载力普遍呈现增长趋势。

第 5 章 水资源承载力评价与增强策略

本章利用乌兹别克斯坦遥感数据和统计资料,对乌兹别克斯坦水资源从供给侧(水资源可利用量)和需求侧(用水量)两个角度进行分析和评价,计算乌兹别克斯坦各州水资源可利用量、用水量等;在此基础上,建立水资源承载力评估模型,对乌兹别克斯坦各州水资源承载力及承载状态进行评价;最后,对不同未来技术情景下水资源承载力进行分析,实现对乌兹别克斯坦水资源安全风险预警,并根据乌兹别克斯坦存在的水资源问题提出相应的水资源承载力增强和调控策略。

5.1 水资源基础及其供给能力

本节从水资源供给端对乌兹别克斯坦水资源基础和供给能力进行分析和评价,是对乌兹别克斯坦水资源本底状况的认识,包括乌兹别克斯坦的主要河流水系的介绍,水资源承载力评价的分区,降水量、水资源量、水资源可利用量等数量的评价和分析。本节用到的降水数据来源于 MSWEP v2 降水数据集(Beck et al., 2017);水资源量的数据是根据 Yan 等(2019)的方法计算所得;水资源可利用量是根据当地的经济和技术发展水平、生态环境需水量、汛期不可利用水资源量等推算得到的。

5.1.1 河流水系与分区

乌兹别克斯坦大部分领土处在阿姆河和锡尔河之间,境内有大小 600 多条河流,其中最主要的是阿姆河、锡尔河和泽拉夫尚河,西部濒临咸水湖北咸海,全国水面面积约占 2.2 万 km^2(占乌兹别克斯坦国土面积的 5%)。

乌兹别克斯坦河流分布很不均匀,在广阔的平原地区几乎没有任何河流或湖泊,而山区却遍布纵横交错的河网。许多小河发源于山区的冰雪覆盖,然后汇入较大的河流,流向平原或谷地,或消失在山麓。

乌兹别克斯坦的河流主要是靠季节性融雪造成的,冰雪融水和雨水对山区河流的补给不太多,冬季所有河流的主要补给来自地下水。乌兹别克斯坦境内最大的河流是阿姆河和锡尔河,但它们的源头均在境外其他国家。乌兹别克斯坦境内的阿姆河是其中游和下游部分,长度为 1415 km。苏尔汉河(175 km)、谢拉尔德河(177 km)、卡什卡达利亚河(378 km)和泽拉夫尚河(877 km)是阿姆河的支流。锡尔河是中亚地区第二大河流,乌境内为其中游部分,长达 2212 km。锡尔河在乌境内最大的支流是奇尔奇克河,其他较大的河流有纳伦河（587km），卡拉达里亚河（180km）、索赫河（124km）。

评价工作范围为乌兹别克斯坦全境，包括 1 个自治共和国（卡拉卡尔帕克斯坦共和国）、1 个直辖市（塔什干）和 12 个州：安集延州、布哈拉州、吉扎克州、卡什卡达里亚州、纳沃伊州、纳曼干州、撒马尔罕州、苏尔汉河州、锡尔河州、塔什干州、费尔干纳州、花拉子模州。

5.1.2　水资源数量

本节对乌兹别克斯坦降水量、径流量、水资源量、水资源可利用量时空分布进行评价，厘清乌兹别克斯坦水资源基础和供给能力，是开展乌兹别克斯坦水资源承载力评价的关键基础和重要内容。

1. 降水

1）全年降水较少，平原降水少、山区降水多

乌兹别克斯坦各地的地形地貌差异也很大，东部和东南部为天山山脉余脉，依傍着绵延千里的天山山系和吉萨尔阿赖山系，部分山区降水量可以达到 1000mm，而中部和西部多为平原，降水量不足 80mm，造就了国内面积最大的克孜勒库姆沙漠。由此形成的乌兹别克斯坦气候特点是冬季寒冷，雨雪不断；夏季炎热，干燥无雨，昼热夜凉明显。

乌兹别克斯坦全年干旱少雨，多年平均降水量为 216.8mm，即 962.98 亿 m³。西部平原地区年均降水量为 200mm 以下，塔什干州东部山区和苏尔汉河州北部山区年均降水量超过 1000mm（图 5-1）。

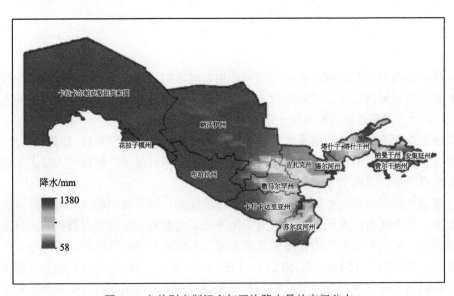

图 5-1　乌兹别克斯坦多年平均降水量的空间分布

分区来看（表 5-1），西部降水稀少，其中降水最少的地区为花拉子模州，年均降水量仅为 89.9mm；其次为卡拉卡尔帕克斯坦共和国和布哈拉州，年均降水量为 108.9mm 和 120.1mm。东部地区降水相对偏多，塔什干州年均降水量达 771.3mm，其次为东部的纳曼干州、卡什卡达里亚州、吉扎克州和塔什干，年均降水量为 400～450mm。

表 5-1　乌兹别克斯坦各分区多年平均降水量统计

分区	降水量/mm	年降水总量/亿 m³
安集延州	275.3	11.84
布哈拉州	120.1	50.39
吉扎克州	419.8	88.91
费尔干纳州	175.7	12.30
卡什卡达里亚州	423.1	120.87
花拉子模州	89.9	5.81
纳曼干州	432.2	31.03
纳沃伊州	149.3	163.25
卡拉卡尔帕克斯坦共和国	108.9	175.77
撒马尔罕州	391.2	65.61
苏尔汉河州	526.5	105.83
锡尔河州	288.5	12.34
塔什干州	771.3	117.68
塔什干	411.3	1.34
全国	216.8	962.98

2）季节差异明显，冬春季降水多、夏季降水少

乌兹别克斯坦属严重干旱的大陆性气候，降水具有明显的季节差异，降水季节主要集中在冬春季。

全国来看（图 5-2），7～9 月降水最少，月降水不足 5mm，其中 8 月份降水仅为 2mm；3～4 月降水最多，月降水超过 30mm，其中 3 月降水最多，为 39mm。从分区上看（表 5-2），中西部的卡拉卡尔帕克斯坦共和国和花拉子模州月降水普遍较低，所有月份降水均不足 20mm；东部的塔什干州各月降水在所有分区中最高；布哈拉州 8 月份降水为全国月降水最低值，降水仅为 0.4mm；塔什干州 3 月份降水为月降水最高值，月降水为 112.3mm。

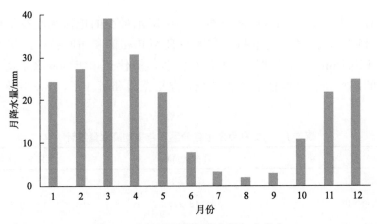

图 5-2　乌兹别克斯坦降水量年内分布

表 5-2　乌兹别克斯坦各分区多年平均月降水量　　（单位：mm）

分区	1月	2月	3月	4月	5月	6月	7月	8月	9月	10月	11月	12月
安集延州	21.7	29.3	36.2	37.3	33.6	15.0	5.4	4.0	6.4	27.2	29.9	29.3
布哈拉州	15.0	18.2	26.8	16.1	11.8	2.0	0.9	0.4	0.9	3.8	10.0	14.3
吉扎克州	47.3	54.1	74.7	66.4	42.4	11.4	5.6	2.0	4.9	21.7	40.5	48.9
费尔干纳州	11.9	17.3	23.9	26.0	22.5	12.4	5.7	3.2	4.0	15.4	16.2	17.3
卡什卡达里亚州	56.5	64.8	86.4	63.4	37.3	6.0	2.1	0.8	2.1	13.2	38.5	52.1
花拉子模州	10.3	11.8	17.2	11.4	10.6	3.0	1.1	1.0	1.2	5.1	8.0	9.2
纳曼干州	34.4	45.5	55.9	59.4	49.9	33.7	15.2	8.8	9.0	34.9	41.4	44.1
纳沃伊州	17.0	19.1	28.4	21.1	14.9	5.0	1.9	1.1	1.5	6.2	15.8	17.3
卡拉卡尔帕克斯坦共和国	9.6	9.4	17.5	13.7	12.3	6.8	3.2	2.6	3.2	7.2	12.1	11.3
撒马尔罕州	51.2	55.6	76.3	60.2	33.6	5.7	2.5	0.8	4.1	15.5	37.2	48.5
苏尔汉河州	67.7	77.0	107.9	78.0	50.5	14.4	4.1	1.6	2.2	16.4	45.8	60.9
锡尔河州	31.2	37.2	49.5	46.2	29.0	7.7	3.3	1.1	3.2	16.4	29.5	34.2
塔什干州	79.0	97.6	112.3	107.8	76.5	32.4	14.5	6.7	11.9	52.5	86.2	93.8
塔什干	48.4	60.6	65.2	57.2	37.4	11.0	3.5	1.4	3.7	23.8	45.0	54.1
全国	24.1	27.4	39.0	30.8	21.8	7.8	3.3	2.0	3.0	10.8	21.7	25.0

2. 水资源量

地表水资源量是指河流、湖泊等地表水体中由当地降水形成的、可以逐年更新的动态水量，用天然河川径流量表示。浅层地下水是指赋存于地面以下饱水带岩土空隙中参与水循环的、和大气降水及当地地表水有直接补排关系且可以逐年更新的动态重力水。水资源总量由两部分组成：第一部分为河川径流量，即地表水资源量；第二部分为降水入渗补给地下水而未通过河川径流排泄的水量，即地下水与地表水资源计算之间的不重复计算水量。一般来说，不重复计算水量占水资源总量的比例较少，加之地下水资源量测算较为复杂且精度难以保证，因此本书在统计乌兹别克斯坦水资源量时，忽略地下水与地表水资源的不重复计算水量。

1）水资源匮乏，水资源压力巨大

乌兹别克斯坦降水稀少，多年平均产水系数仅为 0.13，水资源量仅为 123.15 亿 m³。图 5-3 表示 10km×10km（即 100km²面积）空间精度的水资源量分布，乌兹别克斯坦水资源空间分布不均，全国大部分地区水资源非常少，主要分布在西部和中部平原地区，东部山区水资源相对较多。

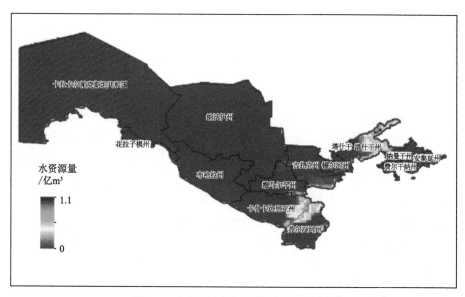

图 5-3　乌兹别克斯坦水资源量空间分布

东北部的塔什干州产水系数最高，为 0.35，对应的水资源量也最多，为 41.55 亿 m³。西部和中部的州产水系数都非常低，其中花拉子模州和卡拉卡尔帕克斯坦共和国产水系数最低，产水系数不足 0.01；其次为中部的纳沃伊州和布哈拉州，产水系数仅为 0.01～0.02。14 个分区中，一半的分区产水系数低于 0.1（表 5-3）。与降水和产水系数基本一致，西部和中部水资源量匮乏，东部包含山区的几个州如塔什干州、苏尔汉河州和卡什卡达里亚州水资源量相对较多。

表 5-3　乌兹别克斯坦各分区的产水系数、水资源量和人均水资源量

分区	产水系数	水资源量/亿 m³	人均水资源量/m³
安集延州	0.11	1.36	47
布哈拉州	0.01	0.67	37
吉扎克州	0.13	11.64	943
费尔干纳州	0.06	0.74	22

分区	产水系数	水资源量/亿 m³	人均水资源量/m³
卡什卡达里亚州	0.20	24.13	827
花拉子模州	0.01	0.05	4
纳曼干州	0.21	6.54	259
纳沃伊州	0.01	1.93	173
卡拉卡尔帕克斯坦共和国	0.01	1.57	78
撒马尔罕州	0.11	7.18	217
苏尔汉河州	0.24	25.45	1081
锡尔河州	0.02	0.21	27
塔什干州	0.35	41.55	1053
塔什干	0.09	0.12	10
全国	0.13	123.15	396

从人均水资源量上看（表 5-3），乌兹别克斯坦全国人均水资源量为 396m³。根据 Falkenmark（1989）定义的水资源压力指数，人均水资源量低于 1700m³ 时为轻微水资源压力，人均水资源量小于 1000m³ 时为中等水资源压力，人均水资源量小于 500 m³ 时为严重水资源压力。根据水资源压力指数指标，乌兹别克斯坦存在严重水资源压力。14 个分区中，有 7 个分区人均水资源量不足 100m³，其中最为人均水资源量最少的地区分别为花拉子模州和塔什干，人均水资源量不足 10m³。人均水资源量相对较高的几个州分别为苏尔汉河州、塔什干州、吉扎克州和卡什卡达里亚州，人均水资源量也仅在 800~1100m³ 之间。

2）客水依赖率高，跨境水资源风险高

锡尔河是乌兹别克斯坦最重要的河流，锡尔河上游先流经邻国吉尔吉斯斯坦再流到乌兹别克斯坦，而且阿姆河和锡尔河只分别有 8%和 5%的河段流经乌兹别克斯坦国内，因此乌兹别克斯坦对这两条国际河流水资源的利用在很大程度上受制于上游邻国，水资源利用分配不均就会与邻国发生矛盾与冲突。

乌兹别克斯坦处于两条重要国际河流的下游地区，90%的用水量依赖跨境河流的境外流入。根据环球印象发布的《乌兹别克斯坦水资源困境及改革的路径》数据显示，在咸海流域，位于上游的塔吉克斯坦和吉尔吉斯斯坦两国拥有的水资源分别占整个咸海流域的 48.4%和 23.1%，而位于下游的乌兹别克斯坦、哈萨克斯坦和土库曼斯坦的水资源量总和仅占 20.5%。因此，下游国家对上游国家的水资源依赖度很高，乌兹别克斯坦尤甚，其灌溉水资源的供应在很大程度上取决于上游国家的水利政策。

1992 年，中亚五国纷纷独立，在阿拉木图签署《阿拉木图宣言》，该宣言包括了继承苏联水资源管理机制的内容。乌兹别克斯坦、吉尔吉斯斯坦、哈萨克斯坦、塔斯克斯坦四国于 1998 年签订了一个《锡尔河盆地水资源和能源利用协议》和《独联体国家统一

电力体系公约》，补齐了关于下游国家向上游国家提供能源这一漏洞，建立了由乌兹别克斯坦首都塔什干为调度中心的中亚统一电力系统。随后，乌兹别克斯坦和吉尔吉斯斯坦两国又单独达成关于纳伦河水资源和能源利用的协议，规定 2000 年夏天时，吉尔吉斯斯坦要向乌兹别克斯坦提供 13 亿 m^3 的灌溉用水和 5.8 亿 kW·h 的电量，而乌兹别克斯坦要在 2000 年 10 月前向吉尔吉斯斯坦提供 1.52 亿 m^3 天然气，在 2001 年 7 月前提供 216.7 万美元的燃油，并谈妥了交易价格。

乌兹别克斯坦和吉尔吉斯斯坦水资源矛盾突出，虽然乌兹别克斯坦与邻国签订了协议，但两国政府并没有完全履行协议。除了水资源争端外，还有边境争端，这些矛盾叠加激化后使得问题深刻复杂，如 2010 年两国边境地区就发生了流血冲突。

3. 水资源可利用量

地表水资源可利用量是指在可预见的时期内，在统筹考虑河道内生态环境和其他用水的基础上，通过经济合理、技术可行的措施，可供河道外生活、生产、生态用水的一次性最大水量（不包括回归水的重复利用）。

1）水资源可利用率较低

乌兹别克斯坦水资源匮乏，水资源可利用率也较低，乌兹别克斯坦平均水资源可利用率为 22%（表 5-4）。缺水严重的中部地区水资源可利用率相对较高，如纳沃伊州和布哈拉州水资源可利用率分别为 32% 和 31%；东部的塔什干水资源可利用率最低，仅为14%，锡尔河州和苏尔汉河州其次，水资源可利用率均为 19%。

表 5-4　乌兹别克斯坦各分区的水资源可利用量

分区	水资源可利用率/%	水资源可利用量/亿 m^3
安集延州	26	0.35
布哈拉州	31	0.21
吉扎克州	22	2.54
费尔干纳州	20	0.15
卡什卡达里亚州	22	5.21
花拉子模州	26	0.01
纳曼干州	23	1.51
纳沃伊州	32	0.61
卡拉卡尔帕克斯坦共和国	22	0.35
撒马尔罕州	27	1.95
苏尔汉河州	19	4.87
锡尔河州	19	0.04
塔什干州	22	9.29
塔什干	14	0.02
全国	22	27.12

2）平原区水资源可利用量较少，山区水资源可利用量相对较多

乌兹别克斯坦水资源可利用量为 27.12 亿 m³。图 5-4 表示 10 km×10 km 空间精度的水资源量可利用量空间分布，水资源可利用量的分布格局与降水、水资源量的分布格局一致，东部山区水资源可利用量相对较多，西部和中部平原区水资源可利用量较少。水资源可利用量最多的分区为塔什干州，水资源可利用量为 9.29 亿 m³；其次卡什卡达里亚州和苏尔汉河州，水资源可利用量分别为 5.21 亿 m³ 和 4.87 亿 m³。水资源可利用量最少的分区为花拉子模州，水资源可利用量仅为 0.01 亿 m³；其次为面积最小的两个州（市）塔什干和锡尔河州，水资源可利用量为 0.02 亿 m³ 和 0.04 亿 m³。

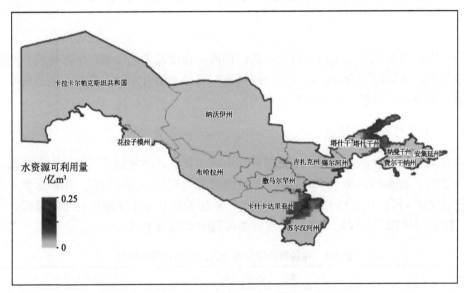

图 5-4　乌兹别克斯坦水资源可利用量的空间分布

5.2　水资源开发利用及其消耗

本节从水资源消耗端对乌兹别克斯坦的水资源开发利用进行计算、分析和评价，主要包括乌兹别克斯坦总用水量和行业用水量的变化态势分析，用水水平的演化及评价，水资源开发利用程度的计算和分析。乌兹别克斯坦总用水和行业用水数据来源于世界资源研究所（Gassert et al., 2014），各个分区的用水是根据相关因子在各分区所占的比例分配到各个分区中。农业用水使用农业灌溉面积作为相关因子，数据使用 FAO 的全球灌溉面积分布图（GMIA v5）（Siebert et al., 2013）；工业用水使用夜间灯光指数作为相关因子，数据来源于 DMSP-OLS 数据（NOAA, 2014）；生活用水则根据人口分布进行估算，人口数据来源于哥伦比亚大学的 GPW v4 人口分布数据（CIESIN, 2016）。

5.2.1　用水量

用水量指分配给用户的包括输水损失在内的毛用水量，按国民经济和社会各用水户统计，分为农业用水、工业用水和生活用水三大类。本小节对总用水量和行业用水量进行分析。

1）用水呈下降态势

2000～2015 年，乌兹别克斯坦总用水量呈下降趋势（表 5-5）。2000 年、2005 年、2010 年和 2015 年总用水量分别为 787.73 亿 m³、684.82 亿 m³、620.81 亿 m³、605.70 亿 m³。乌兹别克斯坦是一个农业国家，农业用水所占比重较高，2015 年农业用水占总用水量的 87.8%；其次是生活用水，占总用水量的 7.0%；工业用水量占比最少，占 5.2%。2015 年乌兹别克斯坦总用水量 605.70 亿 m³，其中农业用水 531.82 亿 m³。

表 5-5　2000～2015 年乌兹别克斯坦各分区的用水量　（单位：亿 m³）

分区	2000 年	2005 年	2010 年	2015 年
安集延州	9.79	8.77	7.71	7.59
布哈拉州	102.61	87.44	84.29	93.86
吉扎克州	137.31	118.33	103.88	94.49
费尔干纳州	25.11	20.85	16.54	12.94
卡什卡达里亚州	57.10	46.34	42.94	47.84
花拉子模州	1.81	2.17	2.16	1.93
纳曼干州	28.59	23.61	18.32	13.41
纳沃伊州	88.15	75.96	71.42	75.02
卡拉卡尔帕克斯坦共和国	98.90	96.98	91.67	83.66
撒马尔罕州	88.35	78.01	69.88	65.14
苏尔汉河州	59.86	48.24	46.83	56.26
锡尔河州	15.71	13.40	12.08	12.04
塔什干州	72.31	62.74	51.28	39.74
塔什干	2.13	1.99	1.79	1.77
全国	787.73	684.82	620.81	605.70

乌兹别克斯坦 14 个分区中，有 9 个分区总用水量均呈现下降趋势；布哈拉州、卡什卡达里亚州、纳沃伊州和苏尔汉河州用水先下降，后缓慢回升；花拉子模州用水先上升后下降。吉扎克州总用水量最高，2015 年用水量为 94.49 亿 m³；其次为布哈拉州，2015 年总用水量为 93.86 亿 m³；用水量较少的分区为东部面积最小的塔什干和中南部面积较小且极度缺水的花拉子模州，2015 年用水量分别为 1.77 亿 m³ 和 1.93 亿 m³。

从用水增长率看，2000～2015 年全国总用水减少了 23%。除了花拉子模州总用水略有增长外，其他所有分区用水都呈负增长。花拉子模州用水增长了7%，由2000年的1.81亿 m³增长到2015年的1.93亿 m³。用水负增长最多的分区为纳曼干州，2000～2015年用水减少了53%；其次为费尔干纳州和塔什干州，用水分别减少了48%和45%。

2）农业用水逐渐下降

乌兹别克斯坦农业用水占比在88%左右，2015年农业用水量为531.82亿 m³（表5-6）。2000～2015年，农业用水不断减少，减少速率逐步放缓，所占比重由89.7%降低到87.8%。

表5-6　2000～2015年乌兹别克斯坦各分区的农业用水量及其比重

分区	农业用水量/亿 m³				农业用水比重/%			
	2000 年	2005 年	2010 年	2015 年	2000 年	2005 年	2010 年	2015 年
安集延州	2.08	1.54	1.12	0.85	21.3	17.5	14.6	11.1
布哈拉州	97.13	82.18	79.43	88.87	94.7	94.0	94.2	94.7
吉扎克州	132.95	114.03	99.85	90.41	96.8	96.4	96.1	95.7
费尔干纳州	18.74	14.82	11.05	7.44	74.6	71.0	66.8	57.5
卡什卡达里亚州	49.85	39.44	36.59	41.32	87.3	85.1	85.2	86.4
花拉子模州	0.09	0.09	0.09	0.07	4.9	4.1	4.0	3.7
纳曼干州	22.95	18.26	13.43	8.44	80.3	77.4	73.3	62.9
纳沃伊州	84.20	72.19	67.94	71.46	95.5	95.0	95.1	95.2
卡拉卡尔帕克斯坦共和国	92.99	90.89	85.89	77.99	94.0	93.7	93.7	93.2
撒马尔罕州	79.23	69.35	61.93	56.95	89.7	88.9	88.6	87.4
苏尔汉河州	55.23	43.82	42.76	52.05	92.3	90.8	91.3	92.5
锡尔河州	13.26	10.95	9.77	9.71	84.4	81.7	80.8	80.6
塔什干州	57.63	48.54	38.07	26.23	79.7	77.4	74.2	66.0
塔什干	0.20	0.16	0.11	0.05	9.6	8.0	5.9	2.7
全国	706.53	606.26	548.01	531.82	89.7	88.5	88.3	87.8

农业用水量较多的分区有吉扎克州、布哈拉州、卡拉卡尔帕克斯坦共和国，其2015年农业用水量分别为90.41亿 m³、88.87亿 m³和77.99亿 m³。农业用水量较少的分区有塔什干、花拉子模州和安集延州，2015年农业用水量分别为0.05亿 m³、0.07亿 m³和0.85亿 m³。从2000～2015年的农业用水增长率角度看，14个分区农业用水均呈负增长。塔什干用水减少速率最大，2000～2015年农业用水减少了76.5%；苏尔汉河州用水减少速率最小，2000～2015年农业用水仅减少5.8%。

农业用水的比重角度，乌兹别克斯坦2015年占比87.8%，其中占比最高的分区为吉扎克州，2015年占比为95.7%，其次为纳沃伊州和布哈拉州，2015年占比为95.2%和94.7%。占比较低的分区有塔什干和花拉子模州，2015年农业用水占比分别为2.7%和3.7%。

3）工业用水先下降后上升

乌兹别克斯坦工业用水均呈先下降后上升的态势（表 5-7），全国工业用水量由 2000年的 36.18 亿 m³ 降低到 2010 年的 23.43 亿 m³，再增长到 2015 年的 31.37 亿 m³；总体看，2000～2015 年，用水减少了 4.8 亿 m³，减少了 13.3%。2015 年，工业用水最多的分区塔什干州，工业用水为 5.98 亿 m³。工业用水最少的分区是塔什干，2015 年工业用水仅为0.71 亿 m³；其次为花拉子模州，2015 年工业用水为 0.77 亿 m³。工业用水增长率上看，全国 14 个分区中，除花拉子模州呈 8.4% 的正增长外，其他所有分区 2000～2015 年工业用水均呈负增长，下降速率最快的分区为费尔干纳州，工业用水减少了 20.4%；其次为纳曼干州、安集延州和塔什干，工业用水分别减少了 18.1%、17.2% 和 15.5%。

表 5-7　2000～2015 年乌兹别克斯坦各分区工业用水量及其比重

分区	工业用水量/亿 m³				工业用水比重/%			
	2000 年	2005 年	2010 年	2015 年	2000 年	2005 年	2010 年	2015 年
安集延州	3.38	2.16	1.96	2.80	34.6	24.6	25.4	36.9
布哈拉州	2.40	1.58	1.46	2.06	2.3	1.8	1.7	2.2
吉扎克州	2.07	1.56	1.51	1.92	1.5	1.3	1.5	2.0
费尔干纳州	2.84	1.91	1.72	2.26	11.3	9.1	10.4	17.5
卡什卡达里亚州	3.18	2.05	1.89	2.70	5.6	4.4	4.4	5.6
花拉子模州	0.71	0.85	0.88	0.77	39.1	39.4	40.6	39.7
纳曼干州	2.49	1.64	1.49	2.04	8.7	6.9	8.1	15.2
纳沃伊州	1.75	1.15	1.07	1.49	2.0	1.5	1.5	2.0
卡拉卡尔帕克斯坦共和国	2.55	2.07	2.01	2.36	2.6	2.1	2.2	2.8
撒马尔罕州	4.00	2.56	2.35	3.37	4.5	3.3	3.4	5.2
苏尔汉河州	2.07	1.34	1.24	1.78	3.5	2.8	2.7	3.2
锡尔河州	1.20	0.95	0.93	1.15	7.6	7.1	7.7	9.5
塔什干州	6.70	4.67	4.43	5.98	9.3	7.4	8.6	15.0
塔什干	0.84	0.54	0.50	0.71	39.7	27.2	27.8	39.9
全国	36.18	25.03	23.43	31.37	4.6	3.7	3.8	5.2

农业用水、工业用水和生活用水中，工业用水所占比重最小，2015 年乌兹别克斯坦工业用水比重仅为 5.2%。工业用水比重较高的分区为塔什干、花拉子模州和安集延州，2015 年工业用水量比重分别为 39.9%、39.7% 和 36.9%；工业用水比重较低的分区为纳沃伊州、吉扎克州和布哈拉州，工业用水比重分别为 2.0%、2.0% 和 2.2%。

4）生活用水先升后降

乌兹别克斯坦全国和 14 个分区生活用水量均呈现先上升后下降趋势（表 5-8），全国生活用水量由2000年的45.02亿m³上升到2005年的53.53亿m³，然后逐步下降到2015年的42.51亿m³。生活用水量最多的分区为塔什干州，2015年生活用水量为7.54亿m³；其次为撒马尔罕州，生活用水为4.81亿m³。生活用水量较少的分区为塔什干、花拉子模州和锡尔河州，生活用水量分别为1.01亿m³、1.09亿m³和1.19亿m³。

表5-8 2000~2015年乌兹别克斯坦各分区生活用水量及其比重

分区	生活用水量/亿m³				生活用水比重/%			
	2000年	2005年	2010年	2015年	2000年	2005年	2010年	2015年
安集延州	4.32	5.08	4.62	3.94	44.1	57.9	60.0	51.9
布哈拉州	3.08	3.69	3.40	2.93	3.0	4.2	4.0	3.1
吉扎克州	2.29	2.74	2.53	2.17	1.7	2.3	2.4	2.3
费尔干纳州	3.54	4.13	3.78	3.24	14.1	19.8	22.8	25.1
卡什卡达里亚州	4.06	4.85	4.46	3.83	7.1	10.5	10.4	8.0
花拉子模州	1.01	1.22	1.20	1.09	56.0	56.5	55.4	56.5
纳曼干州	3.15	3.71	3.41	2.93	11.0	15.7	18.6	21.8
纳沃伊州	2.20	2.62	2.41	2.07	2.5	3.4	3.4	2.8
卡拉卡尔帕克斯坦共和国	3.36	4.02	3.77	3.31	3.4	4.1	4.1	4.0
撒马尔罕州	5.12	6.10	5.61	4.81	5.8	7.8	8.0	7.4
苏尔汉河州	2.56	3.07	2.83	2.44	4.3	6.4	6.0	4.3
锡尔河州	1.26	1.50	1.38	1.19	8.0	11.2	11.4	9.8
塔什干州	7.98	9.53	8.78	7.54	11.0	15.2	17.1	19.0
塔什干	1.08	1.29	1.18	1.01	50.8	64.8	66.3	57.4
全国	45.02	53.53	49.36	42.51	5.7	7.8	8.0	7.0

从2000~2015年生活用水增长率来看，花拉子模州生活用水增长7.9%，其他13个分区生活用水均呈负增长。生活用水下降速率最快的是安集延州和费尔干纳州，2000~2015年生活用水分别减少了8.7%和8.4%。

生活用水所占比重角度看，2015年乌兹别克斯坦生活用水比重为7.0%，生活用水比重最高的分区为塔什干、花拉子模州和安集延州，2015年生活用水比重均超过50%，分别为57.4%、56.5%和51.9%，而比重较低的分区为吉扎克州、纳沃伊州和布哈拉州，占比分别为2.3%、2.8%和3.1%。

5.2.2 用水水平

人均综合用水量是衡量一个地区综合用水水平的重要指标，受当地气候、人口密度、经济结构、作物组成、用水习惯、节水水平等众多因素影响。

以人均综合用水量作为评估用水水平指标，乌兹别克斯坦用水效率缓慢提升，人均

综合用水量不断下降，人均综合用水量由 2000 年的 2536m³下降到 2015 年的 1950m³（表
5-9）。2015 年人均综合用水量不足 500m³的分区有 4 个，分别为花拉子模州、塔什干、
安集延州和费尔干纳州，人均综合用水量分别为 134m³、143m³、260m³ 和 376 m³；吉扎
克州、纳沃伊州和布哈拉州人均综合用水量最高，人均综合用水量均超过 5000 m³，分
别为 7657m³、6731m³ 和 5128m³。

表 5-9   2000～2015 年乌兹别克斯坦各分区人均综合用水量及其变化（单位：m³）

分区	2000 年	2005 年	2010 年	2015 年
安集延州	336	301	264	260
布哈拉州	5606	4777	4605	5128
吉扎克州	11127	9589	8419	7657
费尔干纳州	729	606	480	376
卡什卡达里亚州	1958	1589	1472	1640
花拉子模州	126	150	150	134
纳曼干州	1133	936	726	532
纳沃伊州	7909	6815	6408	6731
卡拉卡尔帕克斯坦共和国	4922	4827	4562	4163
撒马尔罕州	2668	2356	2111	1967
苏尔汉河州	2542	2048	1989	2389
锡尔河州	1976	1685	1519	1514
塔什干州	1833	1590	1300	1007
塔什干	173	161	145	143
全国	2536	2204	1998	1950

5.2.3   水资源开发利用程度

采用水资源开发利用率分析乌兹别克斯坦水资源开发利用程度。水资源开发利用率
指供（用）水量占水资源量的百分比，该指标主要用于反映和评价区域内水资源总量的
控制利用情况。

从水资源开发利用角度，如表 5-10 所示，2015 年，乌兹别克斯坦水资源开发利
用率为 492%；布哈拉州水资源开发利用率高达 13985%，即当地用水量约为当地水
资源量的 140 倍；另外，锡尔河州、卡拉卡尔帕克斯坦共和国、纳沃伊州和花拉子模
州当地用水量均超当地水资源量的 30 倍以上。水资源开发利用率最低的塔什干州也
达到了 96%。

表 5-10   2015 年乌兹别克斯坦各分区的水资源开发利用状况

分区	水资源量/亿 m³	用水量/亿 m³	水资源开发利用率/%
安集延州	1.36	7.59	560
布哈拉州	0.67	93.86	13985
吉扎克州	11.64	94.49	812
费尔干纳州	0.74	12.94	1742
卡什卡达里亚州	24.13	47.84	198
花拉子模州	0.05	1.93	3664
纳曼干州	6.54	13.41	205
纳沃伊州	1.93	75.02	3886
卡拉卡尔帕克斯坦共和国	1.57	83.66	5329
撒马尔罕州	7.18	65.14	907
苏尔汉河州	25.45	56.26	221
锡尔河州	0.21	12.04	5660
塔什干州	41.55	39.74	96
塔什干	0.12	1.77	1476
全国	123.15	605.70	492

5.3   水资源承载力与承载状态

　　本节根据水资源承载力核算方法，计算乌兹别克斯坦各分区水资源承载人口，并根据现状人口计算水资源承载指数，最后根据水资源承载指数判断乌兹别克斯坦各分区的承载状态。本节主要用的数据包括水资源可利用量和人均综合用水量，数据来源和计算方法参见前两节。

　　水资源承载力的计算实际上是一优化问题，即在一定的水资源可利用量、用水技术水平、福利水平等约束条件下，求满足条件的最大人口数量。

　　如图 5-5 所示，全国所有分区水资源承载力都较低，空间上水资源承载力呈东高西低的空间格局。现状条件下（2015 年）乌兹别克斯坦水资源可承载人口约为 139.08 万人，2015 年乌兹别克斯坦实际人口为 3100 万人，水资源承载指数为 22（表 5-11）。从表 5-11 水资源承载指数看，承载指数最低的分区塔什干州也已达到 4，即现状人口已达到水资源承载人口的 4 倍；而承载指数最高的分区布哈拉州水资源承载指数高达 448。

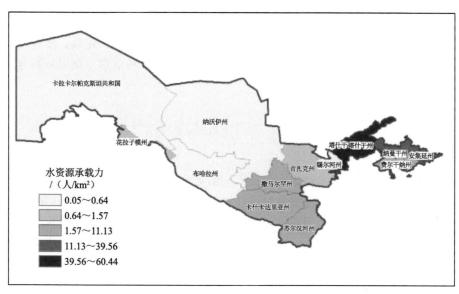

图 5-5　2015 年乌兹别克斯坦水资源承载力的空间分布

从水资源承载力的历史演化可知，2000～2015 年，乌兹别克斯坦水资源承载力有所增强，承载人口由 83.55 万人增长到 139.08 万人；水资源承载指数逐渐下降，承载指数由 29 下降到 22。各个分区中，水资源承载人口均呈上升趋势，水资源承载指数整体均呈下降趋势。

表 5-11　2000～2015 年乌兹别克斯坦各分区水资源承载力及承载指数

分区	承载力/万人				承载指数			
	2000 年	2005 年	2010 年	2015 年	2000 年	2005 年	2010 年	2015 年
安集延州	7.75	9.55	11.93	13.36	28	25	22	22
布哈拉州	0.30	0.38	0.43	0.41	490	417	402	448
吉扎克州	1.72	2.15	2.71	3.32	54	47	41	37
费尔干纳州	1.54	2.03	2.80	3.92	171	142	112	88
卡什卡达里亚州	19.42	26.66	32.00	31.79	11	9	8	9
花拉子模州	0.84	0.77	0.86	1.01	133	160	159	142
纳曼干州	9.87	13.17	18.83	28.40	19	16	12	9
纳沃伊州	0.63	0.78	0.88	0.91	144	124	116	122
卡拉卡尔帕克斯坦共和国	0.60	0.64	0.71	0.84	283	277	262	239
撒马尔罕州	5.56	6.91	8.45	9.93	45	40	36	33
苏尔汉河州	14.00	19.30	22.06	20.37	12	10	10	12
锡尔河州	0.17	0.22	0.25	0.27	380	324	292	291
塔什干州	42.44	52.41	67.65	92.22	8	7	6	4
塔什干	0.90	0.96	1.12	1.16	128	119	107	106
全国	83.55	104.27	124.89	139.08	29	25	23	22

根据现状年人口和水资源承载力，计算水资源承载指数，根据水资源承载状态分级标准以及水资源承载状态指数，将水资源承载状态划分严重超载、超载、临界超载、平衡有余、盈余和富富有余 6 个状态。从全国和 14 个分区看，乌兹别克斯坦所有分区均呈严重超载状态。

5.4 未来情景与调控途径

本节根据未来不同的技术情景，计算不同情景水资源承载力，判断不同情景下乌兹别克斯坦水资源超载风险，从而实现对乌兹别克斯坦水资源安全风险预警；随后分析乌兹别克斯坦主要存在的水资源问题，并提出相应的水资源承载力增强和调控途径。本节计算未来技术情景水资源承载力用到的水资源可利用量与前节相同，人均生活用水量、人均 GDP 和千美元 GDP 用水根据世界不同地区平均标准作为基准，人均生活用水量基准根据 FAO AQUASTAT 各国生活用水计算得到；人均 GDP 根据世界银行 GDP 数据计算得到。

5.4.1 未来情景分析

假设水资源可利用量基本维持在现状水平，生活福利水平使用人均 GDP 表示，用水效率水平使用千美元 GDP 用水量表示。下面对以下两种未来的技术情景进行模拟评价：

情景 1：人均 GDP 翻倍；千美元 GDP 用水量减少 1/3。

情景 2：人均 GDP 翻 2 倍；千美元 GDP 用水量减少 2/3。

根据三种不同的人均生活用水标准[60L/（d·人）、100L/（d·人）、150L/（d·人）]，分别计算未来技术情景 1 条件下和未来技术情景 2 条件下的水资源承载力。

考虑 2015 年乌兹别克斯坦的福利保障（人均 GDP 约 1900 美元）和水资源利用效率（千美元 GDP 用水量 1000m³/千美元），乌兹别克斯坦的人口已超过其水资源承载力。可以判断，乌兹别克斯坦目前水资源不可持续发展的风险很高，乌兹别克斯坦目前用水效率仍然很低，严重制约了承载力。未来，如果乌兹别克斯坦不能采取有效措施提高用水效率，在人口增长和福利水平提高的情况下，水资源不可持续发展的风险将继续加剧。

5.4.2 主要问题及调控途径

1. 主要问题

1）水资源短缺

乌兹别克斯坦水资源短缺严重，根据 2019 年世界资源研究所公布的世界水资源短缺程度排行榜，在 164 个国家中，有 27 个国家严重缺水，乌兹别克斯坦排名第 25 位。乌兹别克斯坦位于中亚的中心地带，属于温带大陆性气候，冬季寒冷，雨雪不断，夏季炎热，干燥无雨，蒸发量大于降水量。作为双内陆国家，乌兹别克斯坦处于跨界河流的下游地区，90%的用水量依赖外部河流。阿姆河长期年均径流量为 792.80 亿 km³，在乌兹别克斯坦境内为 47.36km³，仅占流域总径流量的 6.0%；锡尔河流域的长期年均径流量为 372.03 亿 km³，在乌兹别克斯坦境内为 58.14km³，占流域总径流量的 15.6%。

2）农业用水比重过高，用水效率低下

工业和生活用水仅占不到 10%，而农业用水超过 90%。农业用水粗放低效，灌溉系统技术较为落后，存在大水漫灌、串灌的现象，导致水资源浪费严重。

乌兹别克斯坦是古老灌溉农业国，耕地面积占比为 9.61%，灌溉土地为 4.2 万 km²。乌兹别克斯坦的棉花总产量多，单产水平高且质量好，乌兹别克斯坦棉花种植业在经济结构中占有较大比重，棉花种植会消耗大量的水资源。乌兹别克斯坦虽然努力调整经济结构，发展节水型农业，完善自己的灌溉排水系统和污水处理系统并取得了一些成效，但水资源利用效率仍然偏低。

3）水污染问题严重

乌兹别克斯坦棉花种植业对河水的不良开发造成土地盐渍化、河水断流和生态环境恶化。而水资源的缺乏和生态环境恶化反过来又制约乌兹别克斯坦棉织业的发展。再加之乌兹别克斯坦与上游国家对水资源的分配难以达成协议，水资源与其他能源互换问题、水资源污染共同治理等问题难以协调，这就导致水资源问题在短时期内难以解决。

乌兹别克斯坦的水污染与水资源匮乏具有一定的相关性，所有水源的水质一直为III类（中度污染），少量水体II类水质。由于缺乏废水排水设施、设备陈旧或基础设施不足，供水和污水处理系统往往不符合标准。根据环球印象撰写并发布的《乌兹别克斯坦水资源投资环境及风险分析报告》数据显示，水处理设施仅覆盖了乌兹别克斯坦不到 40%的人口，其中集中式污水处理覆盖了 63%的人口。

4）跨境河流上下游合作困难

中亚国家签订了一些跨境水资源相关的合作协议，然而这些协议执行情况却是差强人意。跨境河流上游的吉尔吉斯斯坦和塔吉克斯坦与下游的乌兹别克斯坦就水资源与其他能源互换上难以达成协议，上下游国家对水资源分配争议较大，主要的分歧点在于，乌兹别克斯坦认为水资源和空气一样是人类共同拥有的资源，相比较而言乌兹别克斯坦虽然拥有丰富的天然气等其他能源，但用这些能源来换取水资源的价格有些昂贵，乌兹别克斯坦难以接受；而吉尔吉斯斯坦和塔吉克斯坦作为跨境河流上游水资源丰富但其他能源匮乏，认为水资源用于发电取暖是国家不可或缺的能源。由于跨境河流上下游国家在水资源问题上难以达成缺乏合作互信，同时影响到了中亚国家在政治经济等领域的合作进程。

2. 调控途径

1）调整经济结构，转变用水方式

乌兹别克斯坦经济结构单一、比例严重失调，农业、畜牧业和采矿业比较发达，但加工工业和轻工业却相当落后。乌兹别克斯坦应调整经济结构，压减高耗水产业，推动用水方式由粗放向节约集约转变。

2）加强农业节水，提高用水效率

乌兹别克斯坦农业用水比重过高，用水效率低下。乌兹别克斯坦应积极推广喷灌、微灌、低压管灌等高效节水灌溉技术和测墒灌溉、水肥一体化等节水措施。开展畜牧渔业节水，积极推广循环水养殖、综合种养等节水减排新技术。不断推进农业节水，提高用水效率。

3）推动跨境合作，建立跨境水资源分配机制

乌兹别克斯坦的水资源问题需要中亚各国的合作，中亚五国在苏联时期有较好的合作模式，独立后签署了一系列水资源相关的协议，由于受到政治、资金、技术、法规等因素的影响，很多协议未能执行，流于形式。国际组织在对咸海危机和对阿姆河、锡尔河及其支流的上下游国家的水资源利用情况进行调查发现，乌兹别克斯坦及中亚国家对水资源的不合理利用和国家间缺乏合作的现状是造成中亚国家间跨境水资源问题的主要原因。

4）加强国际合作，寻求国际资金和技术支持

解决跨境水资源可持续发展的问题是一个需要各国长期合作、长期投入资金与技术的过程。但中亚各国均为不发达国家，经济技术水平有限，面对这种情况，乌兹别克斯坦亟需寻求国际社会和组织的资金和技术支持。

5.5 本 章 小 结

本章主要从水资源基础供给能力、水资源开发利用、水资源承载力和承载状态、未来情景和调控途径等方面进行了全面系统的评价和分析。

总体上看，乌兹别克斯坦全年干旱少雨，平原降水少、山区降水多，降水主要发生在冬春季。乌兹别克斯坦存在水资源短缺严重，对上游国家的水资源依赖度严重，其灌溉水资源的供应在很大程度上取决于上游国家的水利政策。用水量上，乌兹别克斯坦用水总体呈下降态势，农业用水已经开始先快速下降后缓慢下降，工业用水下降后上升，生活用水先上升后下降；乌兹别克斯坦东部人均综合用水量较高，水资源利用效率较低，全国及 13 个分区用水量均超过当地水资源量。

　　乌兹别克斯坦目前所有分区的水资源承载状态均呈严重超载状态，水资源不可持续发展风险高，用水效率仍然很低，严重制约了承载力。未来，如果乌兹别克斯坦不能采取有效措施提高用水效率，在人口增长和福利水平提高的情况下，水资源不可持续发展的风险将进一步加剧。

第6章 生态承载力评价与增强策略

以生态系统净初级生产力（NPP）为指标参量分析了乌兹别克斯坦可利用的生态系统供给量，借鉴人类消耗陆地生态系统净初级生产力（HANPP）评估方法，考虑经济发展水平差异、城乡差异以及资源流动影响等，分析了乌兹别克斯坦生态消耗结构数量及其变化特点和影响因素；基于生态系统服务供给与消耗的平衡关系评价了乌兹别克斯坦生态承载力和生态承载状态，进而刻画了绿色丝路建设愿景下乌兹别克斯坦生态供给能力、生态消耗水平变化态势，预测了生态承载状态演变态势，提出了未来生态保护、生态承载力提升的谐适策略。

6.1 生态供给的空间分布和变化

2000 年以来，乌兹别克斯坦陆地生态系统生态供给总量为 39.7 Tg C，单位面积陆地生态系统生态供给水平为 87.35 g C/m²。全国单位面积陆地生态系统生态供给水平总体呈现东南高西北低的规律，全域低值主要分布在乌兹别克斯坦中部及西北部地区，高值主要分布在东南部地带。2000 年以来，乌兹别克斯坦陆地生态系统 NPP 上升的地区面积明显大于下降地区。

6.1.1 生态供给的空间分布

1. 全国整体情况

2000 年以来，乌兹别克斯坦陆地生态系统生态供给总量为 39.7 Tg C，位列"一带一路"共建国家陆地生态系统生态供给总量第 38 名。单位面积陆地生态系统生态供给水平为 87.35 g C/m²，约为"一带一路"共建国家单位面积生态系统供给水平的 0.23 倍。

全国单位面积陆地生态系统生态供给水平空间分布存在明显差异（图 6-1），总体呈现东南高西北低的规律，全域低值主要分布在乌兹别克斯坦中部（纳沃伊州、布哈拉州）及西北部地区（卡拉卡尔帕克斯坦共和国），高值主要分布在东南部地带（吉扎克州、费尔干纳州、塔什干州和安集延州）；这主要是由于其特殊的地理环境所造成的，乌兹别克斯坦东部主要生态系统类型为森林、草地、农田等，而中部及西部地区生态系统类型多为裸地、荒漠等。

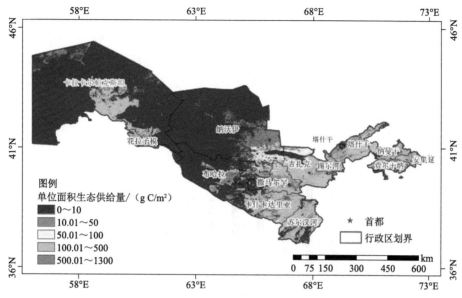

图6-1　2000～2015 年生态系统平均单位面积生态供给空间分布

从州一级行政单元角度上看：乌兹别克斯坦各州（共和国）2000 年以来陆地生态系统生态供给总量多年平均值在 1.13～5.77 Tg C 之间（图6-2），这主要取决于各州（共和国）的区域面积以及陆地植被的类型及其植被单位面积生产力水平。其中卡什卡达里亚州生态系统生态供给总量最高，为 5.77 Tg C；花拉子模州陆地生态系统生态供给总量最低，为 1.13 Tg C，仅为卡什卡达里亚州的 1/5。陆地生态系统生态供给总量超过 5.00 Tg C 的州（共和国）有 3 个，安集延州、费尔干纳州、花拉子模州、纳曼干州、纳沃伊州和锡尔河州陆地生态系统生态供给总量不足 2.00 Tg C；其余 4 个专区陆地生态系统生态供给总量在 2.00～5.00 Tg C 之间。

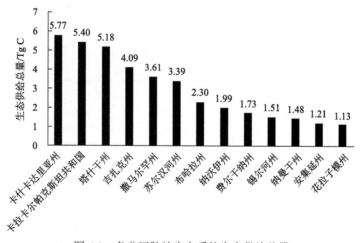

图6-2　各分区陆地生态系统生态供给总量

在州一级行政单元角度上看：乌兹别克斯坦 2000 年以来单位各州（共和国）单位

面积陆地生态系统生态供给量在 17.32～363.02 g C/m²之间（图 6-3），这主要取决于各州（共和国）所在的地理位置、气候类型、陆表植被类型等。其中，纳沃伊州单位面积生态供给量最低为 17.32 g C/m²，锡尔河州单位面积生态供给量最高为 363.02 g C/m²，高于乌兹别克斯坦其他州（共和国），是乌兹别克斯坦单位面积陆地生态系统生态供给水平的 4.1 倍；其他州（共和国）的单位面积陆地生态系统生态供给水平在 30～350g C/m²之间。

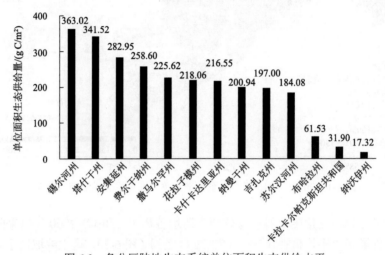

图 6-3　各分区陆地生态系统单位面积生态供给水平

2. 森林生态系统

2000 年以来，乌兹别克斯坦陆表森林生态系统生态供给总量为 0.214 Tg C，单位面积陆表森林生态系统生态供给水平为 318.15 g C/m²，约为"一带一路"共建国家单位面积森林生态系统供给水平的 0.62 倍。

2000 年、2005 年、2010 年、2015 年乌兹别克斯坦陆表森林生态系统生态供给总量分别为 0.185 Tg C、0.211 Tg C、0.229 Tg C、0.28 Tg C，单位面积陆表森林生态系统生态供给水平（图 6-4）分别为 284.52 g C/m²、318.74 g C/m²、340.71 g C/m²、309.70g C/m²。

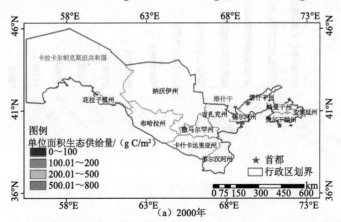

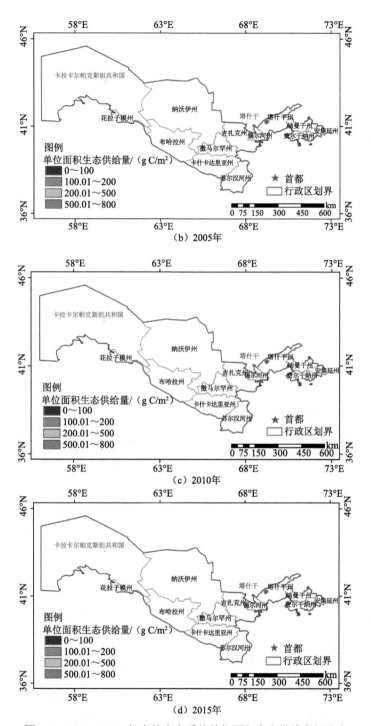

图 6-4 2000～2015 年森林生态系统单位面积生态供给空间分布

　　总的来说，乌兹别克斯坦大部分位于西北部的克孜勒库姆沙漠，森林生态系统面积极小，并且由于干旱等因素的影响，森林生态系统生产力极为低下，绝大部分的森林生态系统的生态供给水平一般为 200～500g C/m²之间。

3. 草地生态系统

2000 年以来，乌兹别克斯坦陆表草地生态系统生态供给总量为 5.13 Tg C，单位面积陆表草地生态系统生态供给水平为 195.70 g C/m²，约为"一带一路"共建国家单位面积草地生态系统供给水平的 1.05 倍。

2000 年、2005 年、2010 年、2015 年乌兹别克斯坦陆表草地生态系统生态供给总量分别为 3.62 Tg C、5.41 Tg C、5.73 Tg C、5.14 Tg C，单位面积陆表草地生态系统生态供给水平（图 6-5）分别为 142.65 g C/m²、210.46 g C/m²、217.84 g C/m²、199.23 g C/m²。

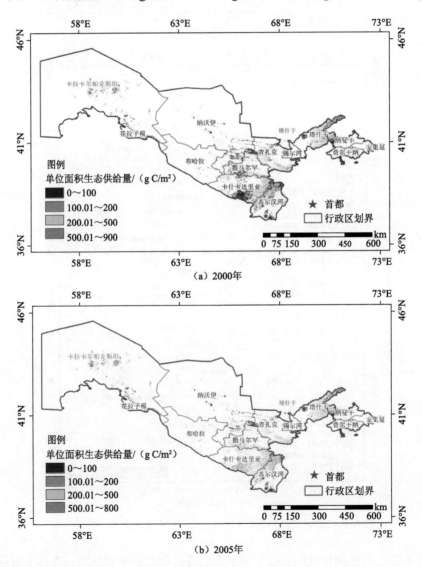

（a）2000年

（b）2005年

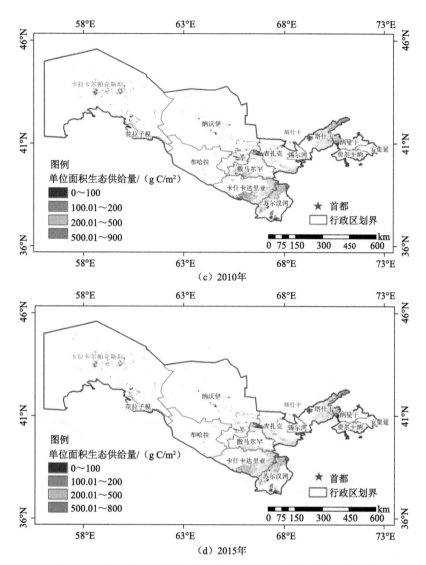

图6-5 2000～2015年草地生态系统单位面积生态供给空间分布

乌兹别克斯坦草地生态系统面积较少，主要分布在乌兹别克斯坦东南部的撒马尔罕州、苏尔汉河州和卡什卡达里亚州。草地生态系统生态供给水平一般在 0～200 g C/m² 之间。

4. 农田生态系统

2000 年以来，乌兹别克斯坦陆表农田生态系统生态供给总量为 30.9 Tg C，单位面积陆表农田生态系统生态供给水平为 340.29 g C/m²，约为"一带一路"共建国家单位面积农田生态系统供给水平的 0.78 倍。

2000 年、2005 年、2010 年、2015 年乌兹别克斯坦陆表农田生态系统生态供给总量分别为 25.4Tg C、30.6 Tg C、33.1 Tg C、32.0 Tg C，单位面积陆表农田生态系统生态供给水平（图 6-6）分别为 283.61 g C/m²、340.47 g C/m²、363.76 g C/m²、359.69 g C/m²。

全国农田生态系统生态供给高值区（>800 g C/m²）主要分布在研究区东部的塔什干州、纳曼尔干州和布哈拉州，其低值区（<100 g C/m²）主要分布在研究区西部地区（花拉子模州、卡拉卡尔帕克斯坦共和国），绝大部分的耕地生态系统的生态供给水平一般在 200～500 g C/m²之间。

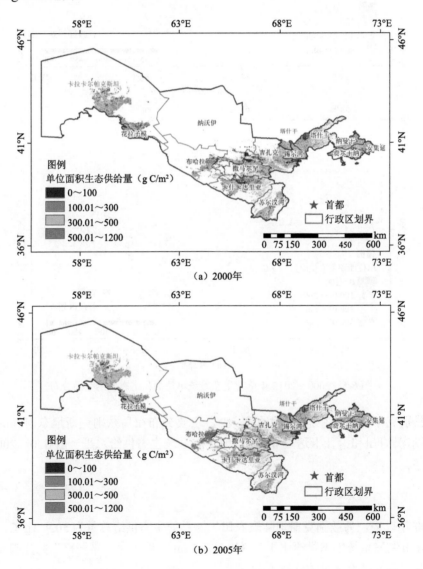

（a）2000年

（b）2005年

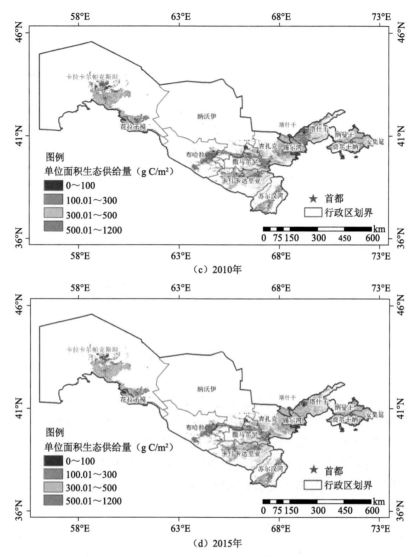

图 6-6　2000～2015 年农田生态系统单位面积生态供给空间分布

6.1.2　生态供给的变化动态

1. 全国整体情况

2000 年以来，乌兹别克斯坦陆地生态系统大部分地区 NPP 呈现上升趋势，仅有小部分区域呈现下降趋势，NPP 上升的地区面积明显大于下降地区（图 6-7）；其中，NPP 下降区域面积为 5.04 万 km^2（占全国国土面积的 11.2%），上升区域面积为 9.97 万 km^2（占全国国土面积的 22.7%）。

全国陆地生态系统 NPP 显著下降区域面积为 0.34 万 km^2（占全国国土面积的 0.75%），主要分布在乌兹别克斯坦西部的卡拉卡尔帕克斯坦共和国。

全国陆地生态系统 NPP 显著上升区域面积为 2.66 万 km^2（占全国国土面积的 6%），主要分布在乌兹别克斯坦的东南部的布哈拉州、撒马尔罕州和苏尔汉河州。

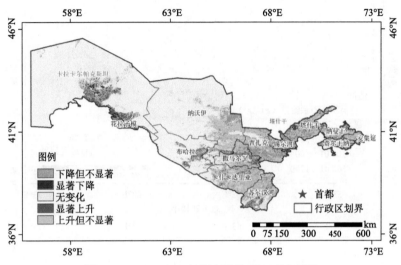

图 6-7　2000～2015 年生态系统 NPP 变化趋势

2. 森林生态系统

乌兹别克斯坦的森林生态系统面积很少。自 2000 年以来，乌兹别克斯坦森林生态系统 NPP 上升的地区面积大于下降地区（图 6-8）；其中，NPP 下降区域面积为 168 km^2（占全国国土面积的 0.037%），上升区域面积为 379 km^2（占全国国土面积的 0.08%）。

乌兹别克斯坦森林生态系统 NPP 显著下降区域面积为 12 km^2；显著上升区域面积为 41 km^2，主要呈零星点状分布在乌兹别克斯坦东部地区。

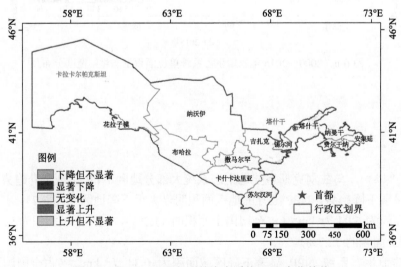

图 6-8　2000～2015 年森林生态系统 NPP 变化趋势

3. 草地生态系统

2000 年以来，乌兹别克斯坦草地生态系统 NPP 整体呈上升趋势（图 6-9）；其中，NPP 下降区域面积为 0.97 万 km^2（占全国国土面积的 2.2%），上升区域面积为 1.27 万 km^2（占全国国土面积的 2.8%）。

草地生态系统 NPP 显著下降区域面积为 0.04 万 km^2（占全国国土面积的 0.09%），主要零星分布在乌兹别克斯坦东部吉扎克州和塔什干州。

草地生态系统 NPP 显著上升区域面积为 0.12 万 km^2（占全国国土面积的 0.27%），主要在乌兹别克斯坦东南部苏尔汉河州的少量土地上。

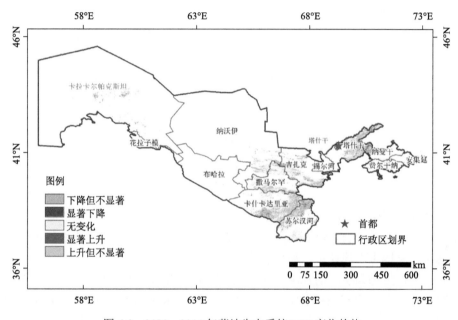

图 6-9　2000～2015 年草地生态系统 NPP 变化趋势

4. 农田生态系统

2000 年以来，乌兹别克斯坦农田生态系统 NPP 大部分地区呈现上升趋势（图 6-10）；其中，NPP 下降区域面积为 2.38 万 km^2（占全国国土面积 5.3%），上升区域面积为 6.33 万 km^2（占全国国土面积的 14.1%）。

农田生态系统 NPP 显著下降区域面积为 0.24 万 km^2（占全国国土面积的 0.53%），零星分布在乌兹别克斯坦西部的卡拉卡尔帕克斯坦共和国。

农田生态系统 NPP 显著上升区域面积为 2.39 万 km^2（占全国国土面积的 5.3%），主要分布在乌兹别克斯坦中西部的花拉子模州以及东南部苏尔汉河州和撒马尔罕州。

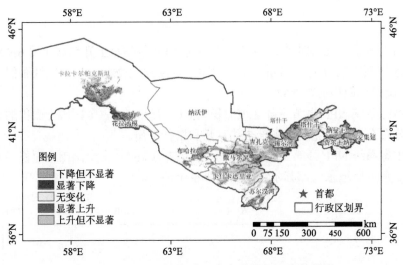

图 6-10　2000～2015 年农田生态系统 NPP 变化趋势

6.2　生态消耗模式及变化

6.2.1　生态消耗模式及演变

乌兹别克斯坦生态消耗主要包括农田、森林、草地和水域系统，各生态系统消耗量整体呈先平稳后快速增长态势。其中，农田系统消耗量最大，占总生态系统消耗量 60% 以上，其次是草地生态消耗量，森林和草地生态系统量较小。

研究期内，生态系统总消耗量呈先小幅下降后缓慢增加再快速增加趋势，具体表现为，1992～2002 年，生态系统总消耗量基本维持在 1336.9 万 t；2003～2005 年，这三年呈小幅增加趋势，增幅在 5% 以下；自 2006 年始，总消耗量呈现快速增加趋势，至 2019 年达到最大消耗量 3220 万 t，同最小消耗量相比，增加了 1.45 倍。

农田生态系统消耗增长明显，呈先降低后增加再降低变化态势。1992 年，农田生态系统消耗量为 890 万 t，后于 2000 年降至最小值 823.1 万 t，随后消耗量出现明显增加，2016 年达到最大消耗量 1930 万 t，后两年虽有降低，但降幅较小；其最大消耗量较最小消耗量增加了 1.03 倍（图 6-11）。同 1992 年相比，2018 年水域、森林和草地生态系统消耗的增幅分别为 2.16 倍、4.22 倍和 1.46 倍，森林生态消耗增幅最大，草地生态消耗增幅较小。草地生态系统消耗量呈小幅波动且明显持续增加态势，其最小和最大消耗量分别是出现在 1992 年的 391 万 t 和 2019 年的 962 万 t，最大值较最小值增加了 1.46 倍。森林生态系统消耗量呈持续增加态势，先是小幅增加后转为快速增加，其最小和最大消耗量分别是 1993 年的 68.7 万 t 和 2019 年的 35.9 万 t；同 1992 年相比，2019 年消耗量增加了 4.22 倍。水域生态系统消耗量相较于其他三类系统较小，年消耗量均在 10.0 万 t 以下，呈先降低后增加变化态势，2014 年消耗量较前一年增加了 1.72 倍，此后消耗量呈持续增加态势，2019 年的 8.85 万 t 较 1992 年的 2.8 万 t 增加了 2.16 倍，增幅较大。

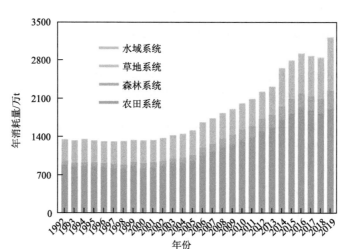

图 6-11 各生态系统年消耗量演变

生态系统消耗结构中，以农田和草地生态系统消耗占比为主，两类消耗平均占总消耗量约 92%（图 6-12）。农田系统占比最大，但其占比呈小幅下降态势，其平均占比达到 64.42%，说明该国当前的生态消耗仍然主要依赖农田系统；草地系统占比呈先增加后下降态势，最大占比是 32.33%，出现在 1998 年；森林系统占比整体呈波动上升趋势，2013 年达到最大 11.44%，后出现小幅下降，至 2019 年，占比又回升至 11.13%；水域系统占比低呈缓慢增长趋势，其最大占比仅 0.31%。

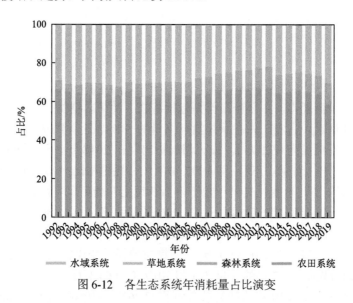

图 6-12 各生态系统年消耗量占比演变

生态系统人均年消耗量中，人均年总消耗量呈先缓降后快速上升，最大消耗量出现在 2019 年为 977.21kg/人，该消耗量较 1992 年增加 56%（图 6-13）。农田系统消耗量占比最大，呈先下降后增加态势，其在总消耗量中占比超过 60%，该类生态系统消耗量的最大和最小值分别是 613.03kg/人和 331.03kg/人。森林系统消耗呈缓持续增加趋势，2019年其消耗量达到 108.76kg/人，较 1992 年增加了 2.41 倍；水域生态系统消耗量虽较小，但其增幅较大，自 1992 年的 1.3kg 增长至 2019 年的 2.68kg/人，增加了 1.06 倍；草地生态系统消耗量较水域大，但增幅较水域小，其消耗量在 2019 年为 291.67kg/人，仅比 1992年的 178.09 kg/人增长了 61%。在生态系统人均年消耗中，农田生态消耗始终占主导地位。

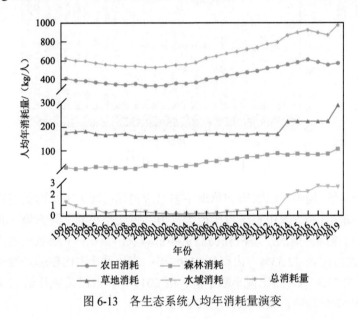

图 6-13　各生态系统人均年消耗量演变

6.2.2　各类生态系统年消耗量变化

1. 农田生态系统

农田生态系统消耗中，主要产品类型包括谷物、蔬菜、糖类、油料和坚果，其中谷物和蔬菜的消耗最大，占农田生态系统消耗总量的 90% 以上（图 6-14）。谷物消耗量变化较小，平均年消耗量为 492 万 t，最大消耗量出现在 2018 年，达到 637 万 t，最小消耗量出现在 1998 年，为 410 万 t。同 1992 年的年消耗量相比，2018 年谷物消耗量增加了 42.21%。蔬菜年消耗量变化先呈小幅下降后快速上升随后又下降趋势，1992~2002 年间，蔬菜消耗量均保持在 400 万 t 以下；自 2006 年后，消耗量逐渐呈快速增长趋势，于2016 年达到最大值 1240 万 t；同 1992 年相比，2019 年消耗量增加了约 2 倍。糖类和油料的年消耗量较小，基本维持在 5.00 万 t。但糖类消耗量变化较大，具有明显的波动性，最大值和最小值分别是 2007 年的 5.44 万 t 和 2019 年的 64.4 万 t，两者相差约 18.38% 倍。同 1992 年消耗量相比，2019 年的糖类量增加了 22.76%。同糖类年消耗量波动变化大的特点不同，油料年消耗量变化幅度小，但具有明显的增加趋势。其最小值和最大值分别是出现 1992 年的 25.8 万 t 和 2018 年的 36.7 万 t，两者相差 42.25%。坚果年消耗量小但增幅明显，且具有明显的波动性，其最大消耗量为 2014 年的 6.00 万 t，最小值仅 1.3 万 t。同 1992 年消耗量相比，2019 年坚果消耗量增加了 3.38 倍，在农田生态系统消耗中，增幅最大。

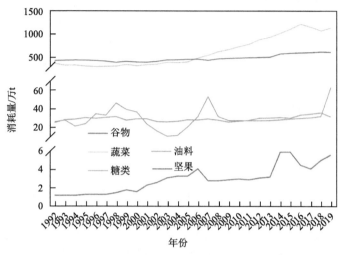

图 6-14　农田生态系统消耗量变化

2. 草地生态系统

草地生态消耗主要包括肉类、奶类、蛋类、动物油脂和动物内脏（图 6-15）。其中，奶类消耗量平均约占草地生态系统年消耗量的 80%。1992～2013 年，奶类年消耗量稳定，变幅消耗，平均年消耗量基本维持在 354 万 t；2004 年，奶类消耗量增幅明显，此后消耗量持续稳定小幅增加，2018 年其消耗量达到最大值 592 万 t，同其最小值 320 万 t 相比，增加了 84.95%。肉类年消耗量变化呈小幅波动持续增加态势，其最小值出现在

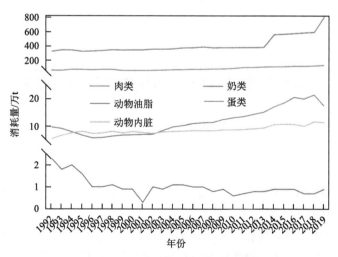

图 6-15　草地生态系统消耗量变化

1999 年，为 50.6 万 t，于 2019 年其消耗量达到最大值 126 万 t，较 1992 年增加了 1.38 倍，增幅较大。动物内脏消耗呈持续增加态势，最小值和最大值分别是出现在 1992 年的 5.40 万 t 和 2018 年的 11.7 万 t，两者相差 1.17 倍。同动物内脏消耗量变化趋势不同，动物油脂消耗量变化呈明显下降态势，其最大值为 1992 年的 2.30 万 t，最小值则是 2001 年的 0.3 万 t，两者相差 6.67 倍；同 1992 年消耗量相比，2019 年动物油脂的消耗量下降了 60.87%，仅达到 0.7 万 t。蛋类的消耗量变化表现为先小幅缓慢下降后快速增加态势，其最小消耗量为 5.70 万 t，出现在 1996 年；蛋类最大消耗量是 2018 年的 21.4 万 t，比 1992 年的 96.0 万 t 增加了 1.23 倍。

3. 森林生态系统

森林生态系统消耗主要包括水果和茶类。水果年消耗量呈现明显的先小幅波动增加后快速增加态势，其最大消耗量和最小消耗量分别是 289 万 t 和 56.7 万 t，两者相差约 4.09 倍，增幅大；在研究期内，其平均年增加幅度为 11.99%。茶类消耗量变化较水果具有明显的波动性，整体呈增加态势，研究期内的最小和最大消耗量分别是出现在 1992 年的 0.60 万 t 和 2018 年的 3.2 万 t，最大消耗量较最小消耗量增加了 4.33 倍，增幅较水果大（图 6-16）。

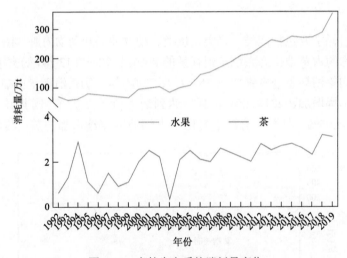

图 6-16 森林生态系统消耗量变化

4. 水域生态系统

水域生态系统消耗以鱼类为主。该国水域生态系统消耗量较小，且呈先降低后增加态势，1992 年鱼类消耗量为 2.80 万 t，后于 2003 年降至最小量 0.50 万 t，2014 年其消耗量出现了明显增加，消耗量较前一年增加了 1.72 倍，后于 2017 年达到最大消耗量 8.85 万 t，并保持到 2019 年，较 1992 年的消耗量增加了 2.16 倍（图 6-17）。

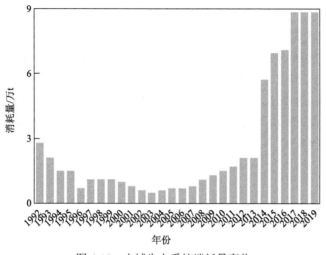

图 6-17　水域生态系统消耗量变化

6.2.3　各分区生态系统消耗量变化

通过对乌兹别克斯坦各地区的生态系统产品消耗进行分析发现，进入 2000 年后，不同地区的各类生态系统产品的消耗呈现不同程度增幅。2000～2005 年，各区生态系统产品的年消耗量增幅较小，2010 年、2015 年和 2019 年的消耗量增幅较大。全国各区生态系统产品年总消耗量变化上，撒马尔罕州的消耗量最大达到 371 万 t，同该区 2000 年的消耗量相比增加了 1.59 倍，高出 2019 年平均消耗水平近 60%。消耗量增幅最大的区域是苏尔汉河州，20 年间该区生态系统产品年消耗量增加了 1.70 倍。消耗量最小的是锡尔河州，该州 2000 年的消费量仅为 34 万 t，未达到同年全国平均消耗水平的一半；2019 年该州消耗量有明显增加，较 2000 年增加了约 1.36 倍（图 6-18）。

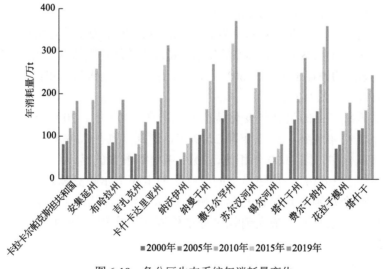

图 6-18　各分区生态系统年消耗量变化

不同地区的农田生态系统产品消耗量虽与同一地区的生态系统产品年总消耗量变化趋势相同，均呈持续增加趋势。农田系统消耗量的明显增加区间主要分布在 2000～2005 年与 2015～2019 年这两个时间段，其他时间段增幅较小。消耗量最大的撒马尔罕州，达到 218 万 t，其次是东部地区的费尔干纳州，其农田系统年消耗量较撒马尔罕州略低 3%。同其他州市相比，消耗量明显比较低的两个州分别是纳沃伊州和锡尔河州，2019 年，两州的农田系统年消耗量分别较同年的全国农田系统平均消耗水平低 58.76% 和 65.06%（图 6-19）。

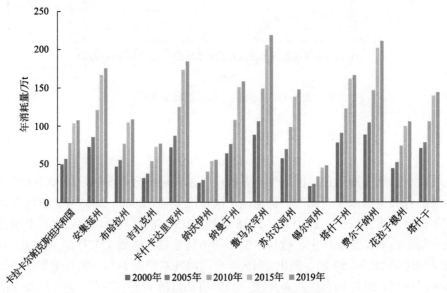

图 6-19　各分区农田生态系统年消耗量变化

各地区的森林生态系统年消费量变化呈先缓慢增长后快速增长的特点。增速较大的是卡什卡达里亚州和苏尔汉河州，20 年间，这两州的森林系统年消费量分别增加了 3.15 倍和 3.14 倍，消耗量分别达到了 34.9 万 t 和 21.2 万 t。增幅最小的是塔什干，2019 年消耗量比 2000 年增加了 2.28 倍。森林系统年消耗量最大的州是撒马尔罕州，达到 41.3 万 t，较同年的全国地区的消耗水平高出 60%；消耗量最小的州是锡尔河州，其消耗值不到全国平均水平的 40%（图 6-20）。

草地生态系统产品的消耗量变化特征明显，在 2000 年、2005 年和 2010 年，各区消耗量呈小幅增加态势，2015 年和 2019 年，消耗量则呈大幅增加态势。各区草地系统年消耗量变化中，同 2000 年相比，2019 年增幅最大的是卡什卡达里亚州和苏尔汉河州，均增加了 1.62 倍，增幅最小的分别是的卡拉卡尔帕克斯坦共和国和塔什干；消耗量最大的两个州则分别是撒马尔罕州和费尔干纳州，其最大消耗量分别为 110.8 万 t 和 107.4 万 t，这两州的最大消耗量分别较同年的全国平均消耗水平高出 60% 和 55%（图 6-21）。

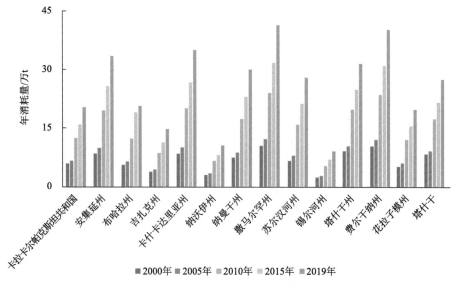

图 6-20 各分区森林生态系统年消耗量变化

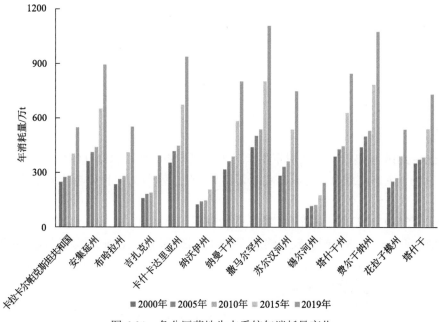

图 6-21 各分区草地生态系统年消耗量变化

水域生态系统产品消耗量变化呈先小幅下降后大幅增加态势。相比 2000 年，2005 年各区水域生态系统年消耗量均有不同程度下降，降幅最大达到 33.47%，发生在东部地区的塔什干；2019 年各区水域生态系统年消耗量较 2000 年则有了明显的大幅提升，其中增幅最大的是卡什卡达里亚州，增加了 8.88 倍，消耗量达到了 0.862 万 t，但仍比当年最大消耗量低 18.23%（图 6-22）。

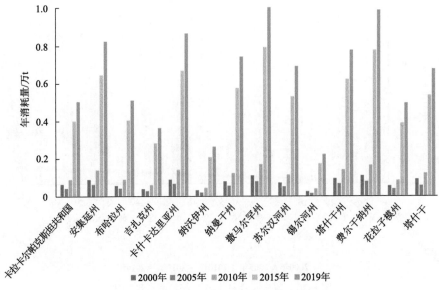

图 6-22   各分区水域生态系统年消耗量变化

6.3   生态承载力与承载状态

6.3.1   生态承载力

1. 全国尺度

2000～2019 年乌兹别克斯坦生态承载力呈现下降趋势，以 2011 年为界，这之前其实际人口低于生态承载力，之后其实际人口高于生态承载力；目前超载问题持续存在，生态压力尚未得到有效缓解。

2000～2019 年乌兹别克斯坦生态承载力呈现下降趋势，从 2000 年的 4330 万人下降到 2019 年的 2630 万人，降幅较大约为 39.26%（图 6-23）。全国实际人口数量从 2000 年

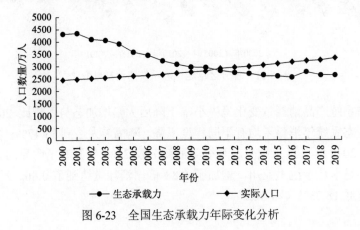

图 6-23   全国生态承载力年际变化分析

2450 万人增加到 2019 年的 3330 万人，增幅约为 35.92%；2000～2019 年乌兹别克斯坦实际人口数量缓速升高，和生态承载力变化趋势相反，2011 年前实际人口低于生态承载力，2011 年后实际人口高于生态承载力；而 2019 年乌兹别克斯坦实际人口数为 3330 万人，明显高于生态承载力，是生态承载力的 1.26 倍，说明乌兹别克斯坦生态系统目前承载了相当大的人口压力。

2. 州域尺度

1）各州生态承载力概况

从区域尺度上来看，州域之间生态承载力差异悬殊，2000 年卡什卡达里亚州生态承载力最高达 626 万人，安集延州最低为 149 万人，分别占全国生态承载力的 14.48%、3.45%；2019 年卡什卡达里亚州生态承载力最高达 381 万人，安集延州最低为 92 万人，分别占全国生态承载力的 14.46%、3.48%。

2000 年有 3 个州级行政单元的生态承载力超过 500 万人，分别是卡什卡达里亚州、卡拉卡尔帕克斯坦共和国、塔什干州，生态承载力为 626 万人、606 万人、529 万人；有 4 个州级行政单元的生态承载力介于 250 万～500 万人之间，分别是吉扎克州、撒马尔罕州、苏尔汉河州、布哈拉州，其中吉扎克州生态承载力最高达 429 万人；有 5 个州级行政单元的生态承载力介于 150 万～250 万人之间，费尔干纳州、锡尔河州、花拉子模州、纳沃伊州、纳曼干州，其中费尔干纳州生态承载力最高达 221 万人；有 1 个州级行政单元的生态承载力介于 100 万～150 万人之间，即安集延州，其生态承载力最低为 149 万人，占比仅为 3.45%。

2019 年有 5 个的州级行政单元生态承载力为 250 万～500 万人之间，分别是卡什卡达里亚州、卡拉卡尔帕克斯坦共和国、塔什干州、吉扎克州、撒马尔罕州，生态承载力为 381 万人、368 万人、322 万人、260 万人、251 万人；有 2 个州级行政单元的生态承载力介于 150 万～250 万人之间，分别是苏尔汉河州、布哈拉州，生态承载力为 215 万人、171 万人；有 4 个州级行政单元的生态承载力为 100 万～150 万人，分别是费尔干纳州、锡尔河州、花拉子模州、纳沃伊州，其中纳沃伊州生态承载力较低为 111 万人；仅 2 个州级行政单元的生态承载力低于 100 万人，其中安集延州生态承载力最低，为 92 万人，占比仅为 3.48%（图 6-24）。

2）各州生态承载力空间分布及变化趋势

从 2000 年、2005 年、2010 年、2015 年、2019 年五个时间节点来看，乌兹别克斯坦 13 个州生态承载力呈下降趋势。

较 2000 年相比，2005 年乌兹别克斯坦 13 个州级行政单元生态承载力呈下降趋势，总体降幅为 17.02%，较 2005 年相比，2010 年乌兹别克斯坦 13 个州级行政单元生态承载力呈下降趋势，总体降幅为 17.85%，较 2010 年相比，2015 年乌兹别克斯坦 13 个州级行政单元生态承载力呈下降趋势，总体降幅为 11.85%，较 2015 年相比，2019 年乌兹别克斯坦 13 个州级行政单元生态承载力呈上升趋势，总体升幅为 1.22%。

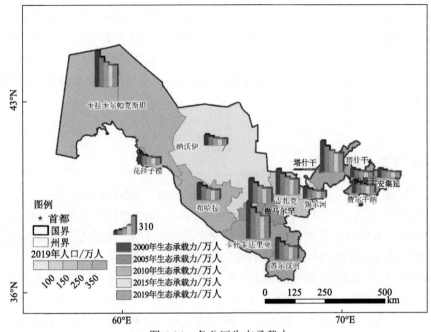

图 6-24　各分区生态承载力

较 2000 年相比，2005 年、2010 年、2015 年、2019 年乌兹别克斯坦 13 个州级行政单元生态承载力均有所下降，降幅分别为 17.02%、31.83%、39.91%、39.17%。

2000～2019 年，乌兹别克斯坦 13 个州生态承载力变化较大，各州升幅均处于 35.00%～40.00%区间内；2000 年生态承载力超过 500 万人的州级行政单元数量为 3 个，而 2019 年没有生态承载力超过 500 万人的州级行政单元；2000 年乌兹别克斯坦生态承载力小于 150 万人的州级行政单元数量仅为 1 个，而 2019 年小于 150 万人的州级行政单元数量则有 6 个，其中还有两个州生态承载力小于 100 万人，有相当明显的数量变化。

6.3.2　生态承载状态

1. 全国尺度

从全国生态承载力来看，2000～2019 年乌兹别克斯坦生态承载力存在比较明显的下降趋势，生态承载指数存在比较明显的上升趋势，逐渐从富富有余变化至超载状态，承载压力呈现增大的态势。

从全国尺度的生态承载力来看（图 6-25），2000 年、2001 年乌兹别克斯坦生态系统处于富富有余状态，2002～2006 年乌兹别克斯坦生态系统处于盈余状态，2007～2010 年乌兹别克斯坦生态系统处于平衡有余状态，2011～2015 年乌兹别克斯坦生态系统处于临界超载状态，2015～2019 年间除 2017 年处于临界超载状态外，乌兹别克斯坦生态系统处于超载状态；生态承载指数在 2016 年前变化较快，2016 年后逐渐趋于平稳，从 2000 年的 0.57 上升到 2019 年的 1.26，增幅为 123.26%，20 年间生态承载指数变化范围为 0.50～1.30；生态承载指数仅在 2017 年较去年相比有下降，其余年份生态承载指数较前一年均有所上升。

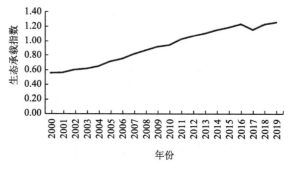

图 6-25　2000～2019 年生态承载指数

2. 州域尺度

1）各州生态承载状态概况

从州域尺度的生态承载指数来看，2000 年乌兹别克斯坦有 3 个州处于超载、严重超载状态，10 个州处于盈余、富富有余状态，2019 年有 7 个州处于临界超载、严重超载状态，6 个州处于平衡有余、盈余、富富有余状态；2000~2019 年，乌兹别克斯坦 13 个州级行政单元的生态承载指数均呈增大趋势。

根据各州生态承载指数（图 6-26），2000 年安集延州处于严重超载的承载状态，纳曼干州、费尔干纳州处于超载状态，花拉子模州、撒马尔罕州处于盈余状态，其余 8 个州级行政单元均处于富富有余的承载状态，其中仅有 5 个州级行政单元生态承载指数超过全国生态承载指数，分别是安集延州、纳曼干州、费尔干纳州、花拉子模州、撒马尔罕州，其中安集延州生态承载指数最高，其生态承载指数为 1.46，是全国生态承载指数的 2.57 倍，说明乌兹别克斯坦生态系统的承载压力主要来自安集延州、纳曼干州、费尔干纳州、花拉子模州、撒马尔罕州，有 8 个州级行政单元生态承载指数低于全国生态承载指数，对生态系统造成的压力较小，分别是布哈拉州、苏尔汉河州、塔什干州、纳沃伊州、卡什卡达里亚州、锡尔河州、卡拉卡尔帕克斯坦共和国、吉扎克州，其中吉扎克州生态承载指数最低，其生态承载指数为 0.23，不足安集延州生态承载指数的 1/6。

2019 年乌兹别克斯坦卡拉卡尔帕克斯坦共和国、吉扎克州处于富富有余的承载状态，锡尔河州、卡什卡达里亚州处于盈余状态，纳沃伊州、塔什干州处于平衡有余状态，布哈拉州、苏尔汉河州处于临界超载状态，其余 5 个州级行政单元均处于严重超载的承载状态，而其中有 5 个州级行政单元生态承载指数超过全国生态承载指数，分别是安集延州、纳曼干州、费尔干纳州、花拉子模州、撒马尔罕州，其中安集延州生态承载指数最高，其生态承载指数为 3.35，是全国生态承载指数的 2.66 倍，说明乌兹别克斯坦生态系统的承载压力依然主要来自安集延州、纳曼干州、费尔干纳州、花拉子模州、撒马尔罕州，有 8 个州级行政单元生态承载指数低于全国生态承载指数，分别是苏尔汉河州、布哈拉州、塔什干州、纳沃伊州、卡什卡达里亚州、锡尔河州、吉扎克州、卡拉卡尔帕克斯坦共和国，其中卡拉卡尔帕克斯坦共和国生态承载指数最低，其生态承载指数为0.51，不足安集延州生态承载指数的1/6（图6-27）。

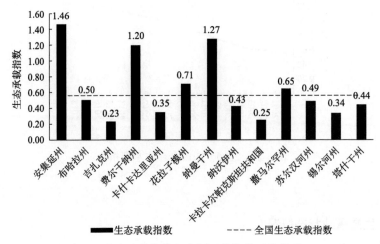

图6-26　各分区生态承载指数与全国承载指数对比关系（2000年）

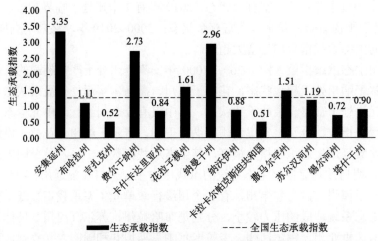

图6-27　各分区生态承载指数与全国承载指数对比关系（2019年）

2）各州生态承载指数空间分布及变化趋势

分别从2000年、2005年、2010年、2015年、2019年五个时间节点来看，乌兹别克斯坦13个州生态承载指数呈上升趋势。

从2000年、2005年、2010年、2015年、2019年五个时间节点来看，乌兹别克斯坦13个州级行政单元生态承载指数总体均呈上升趋势（图6-28）：较2000年相比，2005年乌兹别克斯坦13个州级行政单元生态承载指数呈上升趋势，总体升幅为27.12%，较2005年相比，2010年乌兹别克斯坦13个州级行政单元生态承载指数呈上升趋势，总体升幅为31.00%，较2010年相比，2015年乌兹别克斯坦13个州级行政单元生态承载指数呈上升趋势，总体升幅为25.68%，较2015年相比，2019年乌兹别克斯坦13个州级行政单元生态承载指数呈上升趋势，总体升幅为 5.62%。

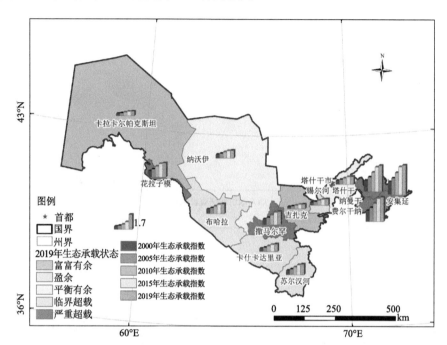

图 6-28　各分区生态承载状态

2000~2019，乌兹别克斯坦 13 个州级行政单元的生态承载指数均呈增大趋势，生态系统面临的压力不断上升，其中有 5 个州级行政单元生态承载指数的增幅低于全国生态承载指数的增幅，分别是布哈拉州、锡尔河州、纳沃伊州、卡拉卡尔帕克斯坦共和国、塔什干州，其中塔什干州生态承载指数的增幅最小为 102.74%，其余 8 个州级行政单元生态承载指数的增幅均超过全国生态承载指数的增幅，其中卡什卡达里亚州生态承载指数的增幅最大为 143.99%。

6.4　生态承载力的未来情景与谐适策略

6.4.1　基于绿色丝路建设愿景的情景分析

1. 生态系统变化情景

2030 年，基准情景、绿色丝路建设愿景、区域竞争情景下，乌兹别克斯坦东部地区锡尔河州、塔什干、塔什干州、费尔干纳州农田生态系统面积增加均较为显著。特别是在区域竞争情景下，上述州的农田生态系统面积变化最大，超过 50%，而纳沃伊州和布哈拉州农田生态系统面积变化最小，不超过 10%。在绿色丝路建设愿景和基准情景下，苏尔汉河州农田面积呈现减少趋势（图 6-29）。

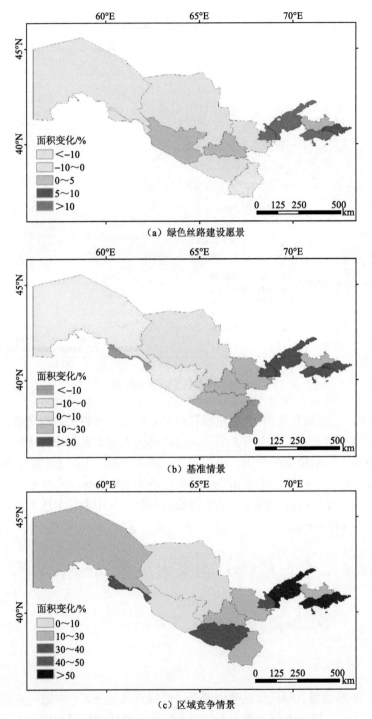

（a）绿色丝路建设愿景

（b）基准情景

（c）区域竞争情景

图 6-29　2030 年不同情景下农田生态系统面积变化

　　2030 年，三种未来情景下，乌兹别克斯坦南部地区撒马尔罕州、卡什卡达里亚州、苏尔汉河州森林生态系统面积减少最多，均高于 10%。绿色丝路建设愿景下，乌兹别克斯坦森林面积增加的州最多，达半数以上。基准情景下，纳沃伊州森林面积增加。区域竞争情景下，花拉子模州、锡尔河州以及乌兹别克斯坦东部地区森林面积有所增加（图 6-30）。

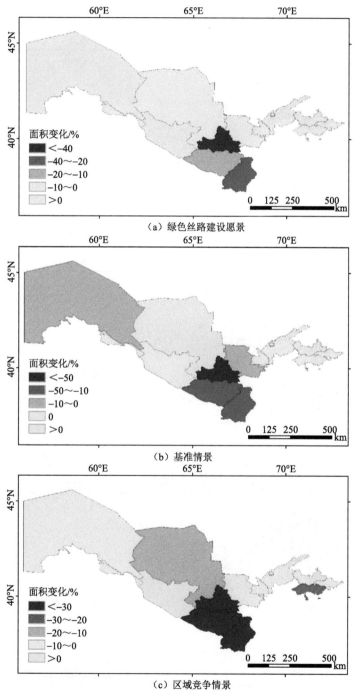

（a）绿色丝路建设愿景

（b）基准情景

（c）区域竞争情景

图 6-30　2030 年不同情景下森林生态系统面积变化

2030 年，三种未来情景下，乌兹别克斯坦草地生态系统面积呈减少趋势，其中，纳沃伊州、吉扎克州、卡什卡达里亚州、苏尔汉河州轻微减少，锡尔河州减少最多。花拉子模州在区域竞争情景下草地面积减幅最大，超过 70%；而在绿色丝路建设愿景下减幅最小，不足 10%（图 6-31）。

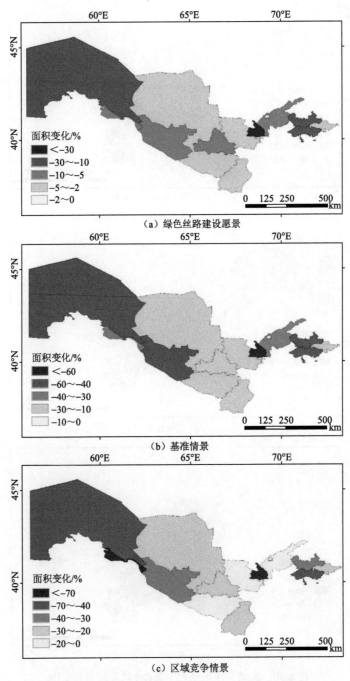

图 6-31　2030 年不同情景下草地生态系统面积变化

总体上，三种未来情景下，草地生态系统面积减少最多，其次是森林生态系统，仅农田生态系统面积呈现增加趋势。

2. 人口变化情景

2020 年，乌兹别克斯坦撒马尔罕州、塔什干、塔什干州和费尔干纳州人口最多，超过 300 万人，纳沃伊州、花拉子模州、吉扎克州和锡尔河州人口最少，近 150 万人。

2030 年，三种未来情景下，乌兹别克斯坦的人口空间分布规律基本不变。绿色丝路建设愿景和基准情景下，各州人口数量较为接近，纳沃伊州、花拉子模州、吉扎克州、锡尔河州预计增加到 120 万～200 万人。区域竞争情景下，乌兹别克斯坦各州人口数量整体偏高，尤其是撒马尔罕州、锡尔河州、塔什干、塔什干州、费尔干纳州，人口超过 350 万（图 6-32 和图 6-33）。

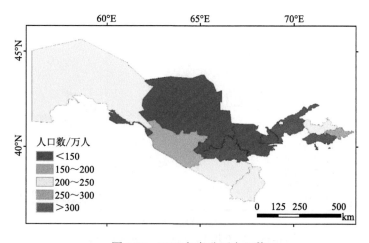

图 6-32　2020 年各分区人口数

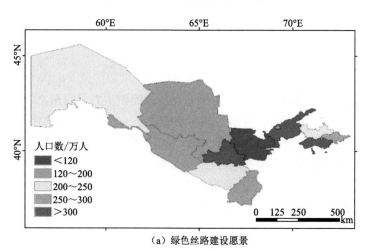

（a）绿色丝路建设愿景

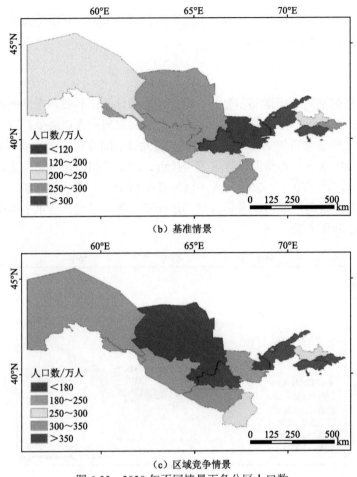

（c）区域竞争情景

图 6-33　2030 年不同情景下各分区人口数

6.4.2　生态承载力演变态势

1. 生态供给能力变化

2020 年，乌兹别克斯坦的塔什干、塔什干州单位面积生态供给最高，超过 200 g C/m²，其次是苏尔汉河州、锡尔河州、费尔干纳州和安吉延州。卡拉卡尔帕克斯坦共和国、纳沃伊州单位面积生态供给最低，不超过 10 g C/m²（图 6-34）。

2030 年，三种未来情景下，布哈拉州单位面积生态供给减少到 10 g C/m² 以下，安吉延州和吉扎克州单位面积生态供给均呈不同程度增加趋势。除了绿色丝路建设愿景外，其余情景下撒马尔罕州、卡什卡达里亚州单位面积生态供给减少到 130 g C/m² 以下（图 6-35）。

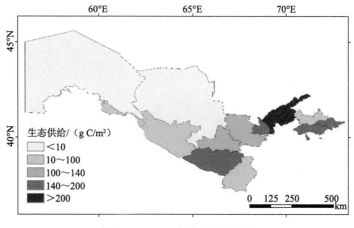

图 6-34　2020 年生态供给能力

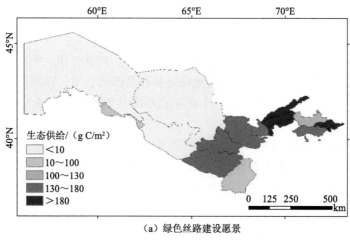

（a）绿色丝路建设愿景

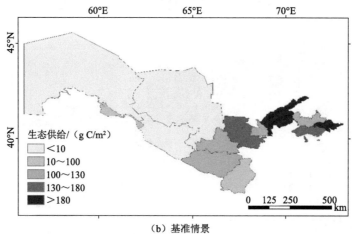

（b）基准情景

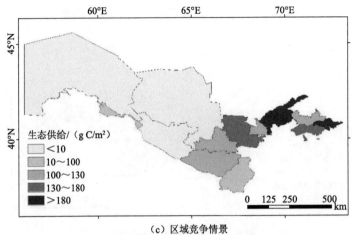

（c）区域竞争情景

图 6-35　2030 年不同情景下生态供给能力

2. 生态消耗水平变化

2030 年，三种未来情景下，撒马尔罕州、塔什干、塔什干州、费尔干纳州生态消耗水平最高，均高于 20 万 t。在绿色丝路建设愿景和基准情景下，锡尔河州生态消耗水平最低，小于 7 万 t。基准情景下，卡拉卡尔帕克斯坦共和国生态消耗为 10 万～14 万 t，低于其余情景（图 6-36）。

2030 年，乌兹别克斯坦各州（共和国）人均生态消耗整体变化在 39% 左右。纳曼干州和费尔干纳州的人均生态消耗变化最大，增幅超过 39.4%。卡拉卡尔帕克斯坦共和国、花拉子模州、吉扎克州、卡什卡达里亚州、苏尔汉河州的人均生态消耗变化相对较小，增幅低于 38.5%（图 6-37）。

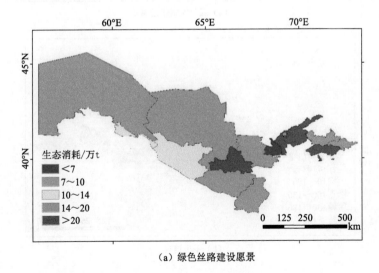

（a）绿色丝路建设愿景

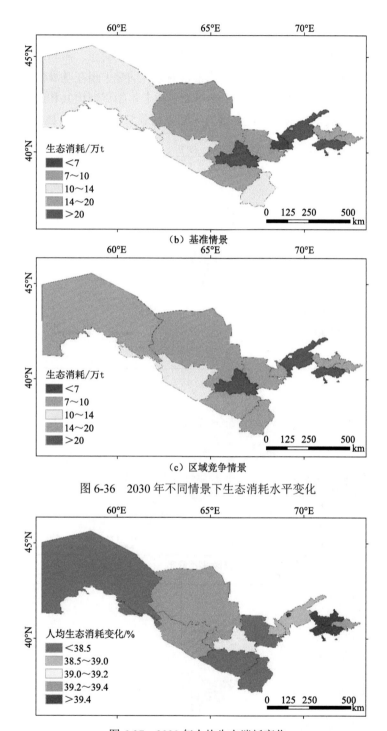

（b）基准情景

（c）区域竞争情景

图 6-36　2030 年不同情景下生态消耗水平变化

图 6-37　2030 年人均生态消耗变化

3. 生态承载状态预测

从目前资源开发限度来看，2030 年，三种未来情景下，布哈拉州将处于严重超载状态。花拉子模州在三种情景下均超载，且在基准情景和区域竞争情景下将面临严重超载。中部地区的纳沃伊州、塔什干、塔什干州、苏尔汉河州为富富有余。撒马尔罕州除了区域竞争情景下生态承载状态盈余，其余情景均为富富有余。纳曼干州在基准情景下面临临界超载的问题，在其余情景平衡有余。费尔干纳州和卡拉卡尔帕克斯坦共和国在区域竞争情景下生态承载压力均比其余情景严重，分别处于临界超载与超载状态（图6-38）。

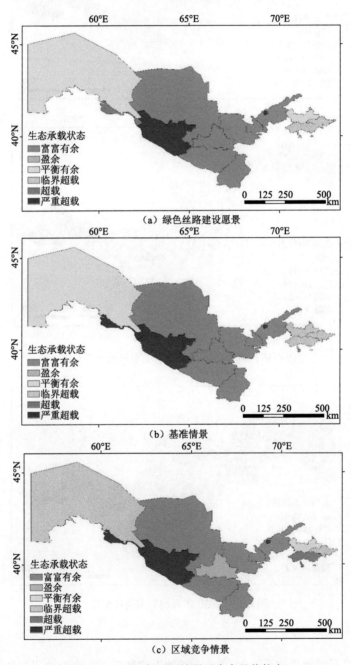

图 6-38　2030 年不同情景下生态承载状态

6.4.3　生态承载力谐适策略

1. 生态承载关键问题

2030 年，三种情景下乌兹别克斯坦约 50% 州级行政单元的生态承载状态盈余，西南部的布哈拉州与花拉子模州严重超载；东部州级行政单元处于临界超载状态，中部的大部分州则处于富富有余状态。绿色丝路建设愿景下，4 个州级行政单元林农草生态系统呈超载状态，9 个呈盈余状态；花拉子模州承载状态有所减轻。基准情景下，5 个州级行政单元林农草生态系统呈超载状态，8 个呈盈余状态。区域竞争情景下，4 个州级行政单元林农草生态系统呈超载状态，西北部州级行政单元承载状态加重为临界超载。未来情景下森林与草地生态系统面积减少与质量下降，导致生态供给降低，难以满足人口增长以及人均生态消耗快速增加的需求，西北与东部州级行政单元承载状态明显加重。

乌兹别克斯坦属于水资源极其匮乏的国家。人均水资源量仅为 702m³（联合国标准为 1700m³/人），约 87% 的领土严重缺水，水已成为制约该区域经济和社会发展的核心因素；大量的农业灌溉渗水、生活废水也对地表水造成了严重污染，从而导致可利用的水资源越来越少。此外，乌兹别克斯坦是中亚中部的"双内陆国家"，生态环境较为脆弱。冬季寒冷，雨雪不断；夏季炎热，干燥无雨。山区年降水量 460～910 mm，而平原仅 90～580 mm。主要河流阿姆河和锡尔河等均为跨国界的内流河。东部为山地，中、西部荒漠广布，克兹尔库姆沙漠、乌斯秋尔特高原沙漠，以及发源于原咸海海底的阿拉库姆沙漠等三大荒漠形成一体，近年来，荒漠面积不断扩大。

2. 生态承载谐适策略

针对不同未来情景下森林与草地生态系统面积减少，而农田面积迅速增加的问题，乌兹别克斯坦在未来土地开发与利用进程中，应加强森林与草地的保护与管理措施，进一步造林、保护天然林；加强退化草地修复以及天然草原保护和草畜平衡等措施。同时，宜提升农业生产效率；减少加工、运输过程中的粮食损失以及食物浪费率，降低国民高动物比例的饮食结构。

乌兹别克斯坦水资源较为缺乏，生态系统较脆弱，因此，未来应以保护型发展为主。

第一，"一带一路"建设可以发挥乌兹别克斯坦棉花产量大，油气资源丰富的地区优势，而针对水资源短缺地区，应该优先考虑基础设施建设的投资，修复、完善和发展公用水利设施，加强供水设施的建设和输水设施的维护；在投资时，选择节水、水污染排放量少的项目。

第二，对于生态敏感区，应慎重选择项目，规避风险。乌兹别克斯坦咸海周边地区尤其是卡拉卡尔帕克斯坦共和国，由于受咸海盐沙暴的严重影响，即生态高敏感区，在该地区投资时要严格控制污染，对于不可避免产生的污染，要充分利用可行技术进行治理和防范。

第三，应加强对不同地区之间资源合理利用的协调规划与宏观统筹安排，例如，协调好跨区域水资源保护与分配问题；通过贸易手段平衡好州（共和国）间农林产品分配，缓解西北与东部州的承载压力。

6.5　本 章 小 结

乌兹别克斯坦陆地生态系统生态供给总量为 39.7 Tg C，单位面积陆地生态系统生态供给水平为 87.35 g C/m²。全国单位面积陆地生态系统生态供给水平总体呈现东南高西北低的规律。2000 年以来，乌兹别克斯坦陆地生态系统大部分地区 NPP 呈现上升趋势，仅有小部分区域呈现下降趋势。

乌兹别克斯坦生态系统消耗中，年总消耗量自 2006 年后增幅明显，以农田和草地生态消耗为主，森林和水域生态消耗占比较小；人均生态系统年消耗量中，农田系统消耗量占比最大，呈先下降后增加态势，森林系统消耗呈缓慢持续增加趋势，水域生态系统消耗量虽较小，但其增幅较大，草地生态系统消耗量较水域大，但增幅较水域小。因此，当前该国生态系统消耗仍然主要集中在农田消耗和草地消耗。全国不同分区的生态系统消耗总量及不同类型的生态系统服务消耗量整体呈不断增加态势。

2000～2019 年乌兹别克斯坦生态承载力整体呈现下降趋势，以 2011 年为界，这之前其实际人口低于生态承载力，之后其实际人口高于生态承载。而 2000～2019 年乌兹别克斯坦生态承载指数存在比较明显的上升趋势，逐渐从富富有余变化至超载状态，承载压力呈现增大的态势。

乌兹别克斯坦生态系统供给空间分异较大，不同州级行政单元之间资源分配较不平衡。中西北部各州（共和国）荒漠广布，生态系统生产力较低、脆弱性较高。因此，在未来的资源开发利用过程中，应加强生态环境的保护与修复措施；此外，在不损害当地生态环境前提下，加大农业基础设施投入，优化高效节水农业措施，推广先进的水污染处理技术，提高农业生产效率与水资源利用效率以缓解未来生态系统承载压力。

第 7 章　资源环境承载力综合评价

区域资源环境承载力是人地关系和谐和可持续发展的重要基础，也是自然地理综合研究的前沿及热点内容。资源环境承载力（resource and environmental carrying capacity, RECC）综合评价作为资源环境承载力研究的重要内容，旨在量化讨论区域资源环境承载"上限"。资源环境承载力作为生态学、地理学、资源环境科学等学科的研究热点和理论前沿（樊杰等，2015），不仅是一个探讨"最大负荷"的具有人类极限意义的科学命题（封志明等，2017），而且是一个极具实践价值的人口与资源环境协调发展的政策议题，甚至是一个涉及人与自然关系、关乎人类命运共同体的哲学问题（国家人口发展战略研究课题组，2007）。20 世纪末期以来，出于对资源耗竭和环境恶化的科学关注，资源环境承载力在区域规划、生态系统服务评估、全球环境现状与发展趋势以及可持续发展研究领域受到越来越多的重视（Assessment，2005；Imhoff et al.，2004；Running，2012）。近几十年来，资源环境承载力评价从分类到综合，已由关注单一资源的约束（竺可桢，1964；封志明，1990；谢高地等，2011）发展到人类对资源占有的综合评估。资源环境承载力综合研究兴起以来，为统一量纲，人们试图把不同物质折算成能量、货币或其他尺度（闵庆文等，2005；李泽红等，2013），以求横向对比与综合计量。资源环境承载力定量评价与综合计量是资源环境承载力研究由分类走向综合、由基础走向应用的关键环节。厘清资源环境承载力在不同维度的综合作用对于生态系统管理、环境保护和区域发展具有重要作用。

随着《巴黎协定》的通过和 2030 可持续发展议程的正式启动，全球已进入向低碳、绿色和清洁能源转型的关键时期，低能耗、高效益的可持续发展已成为国际潮流和趋势（Lee et al.，2016；Belmonte et al.，2021）。乌兹别克斯坦位于中亚地区中部，是"一带一路"共建国家中重要的发展中国家，也是中亚地区第一大人口国家，人口分布呈现了"东多西少，南多北少"的空间格局。乌兹别克斯坦各地的地形地貌差异较大，全境地势东高西低，山地和沙漠占国土面积的 60% 以上，全年干旱少雨，多年平均降水量为 216.8mm，生态系统较为脆弱，水资源压力巨大。近年来，急速的工业化和经济发展对该国的资源环境造成了巨大的威胁，人口密度的不断增加（2020 年乌兹别克斯坦人口总量为第二名哈萨克斯坦人口总量的 1.8 倍）导致灌溉土地急剧短缺、水资源量和水质量不断下降，经济发展与环境保护的矛盾日益突出，因此以资源环境承载力为约束的绿色发展成为应对现状的首要任务（邬波等，2016；Zhang et al.，2020；Hafeez et al.，2018）。面对日益提升的经济水平和对生态系统的严重影响，资源和环境问题作为乌兹别克斯坦国家安全的重要内容，成为中亚区域生态安全体系的重中之重，对资源环境问题的及时解决，有助于识别和避免国家之间可能产生的社会、经济和政治冲突（谢静，2014）。在以可持续发展理念为基础和特色的"一带一路"倡议背景下，充分了解乌兹别克斯坦的资源环境承载状况，针对资源环境特点，分区分类对环境-经济-人口之间的关系进行协调变得极为迫切和重要（Zhao et al., 2022）。

本章以水土资源和生态环境承载力分类评价为基础，结合人居环境自然适宜性评价与社会经济发展适应性评价，提出"人居环境适宜性分区-资源环境限制性分类-社会经济适应性分等-承载力警示性分级"的资源环境承载力综合评价思路与技术集成路线，构建具有平衡态意义的资源环境承载力综合评价的三维空间四面体模型；以公里格网为基础，系统评估区域资源环境承载力与承载状态，并在此基础上，提出增强区域资源环境承载力的适应策略与对策建议。基于以上思路和模型，以区域（州、共和国、直辖市）为基本研究单元，对乌兹别克斯坦的资源环境承载力进行综合评价研究，定量揭示乌兹别克斯坦资源环境承载力的地域差异与变化特征。

7.1 乌兹别克斯坦资源环境承载力定量评价与限制性分类

在水土资源承载力和生态环境承载力分类评价与限制性分类的基础上，从分类到综合，定量评估了乌兹别克斯坦的资源环境承载力，从全国到分区（州、共和国、直辖市），完成了乌兹别克斯坦资源环境承载力定量评价与限制性分类，为乌兹别克斯坦及其不同地区的资源环境承载力综合评价与警示性分级提供了量化支持。

7.1.1 全国水平

1. 乌兹别克斯坦资源环境承载力在 3001.77 万人水平，1/3 以上集中在东部和南部地区

乌兹别克斯坦资源环境承载力研究表明，2015 年乌兹别克斯坦资源环境承载力在 3001.77 万人水平。其中，乌兹别克斯坦生态承载力为 2600.44 万人，基于现实供水条件的水资源承载力为 2175.68 万人，基于热量平衡的土地资源承载力为 4229.19 万人，水资源分配不均和需水量大是乌兹别克斯坦资源环境承载力的主要限制因素（表 7-1）。

乌兹别克斯坦 1/3 以上的资源环境承载力集中在占地约 1/2 的卡什卡达里亚州、塔什干州和撒马尔罕州，资源环境承载力分别为 377.57 万人、347.50 万人和 332.01 万人，占全国的 35.22%，占地 46.22%，是乌兹别克斯坦资源环境承载力主要潜力地区。

表 7-1 乌兹别克斯坦 2015 年分区域资源环境承载力统计表 （单位：万人）

区域	资源环境承载力	生态承载力	水资源承载力	土地资源承载力
卡什卡达里亚州	377.57	376.24	332.68	482.19
塔什干州	347.50	317.75	964.98	412.50
撒马尔罕州	332.01	248.33	103.87	515.40
苏尔汉河州	247.28	212.91	213.18	346.65
费尔干纳州	229.89	133.13	40.98	394.85
布哈拉州	223.82	169.43	4.28	351.30
吉扎克州	221.41	257.23	34.75	263.42
安集延州	212.14	90.38	139.80	385.00
卡拉卡尔帕克斯坦共和国	205.63	364.06	8.78	132.91
纳曼干州	175.12	91.88	297.22	286.34
锡尔河州	159.65	114.07	2.86	256.79
花拉子模州	155.44	112.76	10.57	247.79
纳沃伊州	112.62	109.54	9.53	154.05
塔什干	1.70	2.74	12.19	0.00
总计	3001.77	2600.44	2175.68	4229.19

2. 乌兹别克斯坦资源环境承载密度均值在 67 人/km²，东部和南部普遍高于西部地区

乌兹别克斯坦资源环境承载力研究表明，2015 年乌兹别克斯坦资源环境承载密度均值为 67 人/km²，约等于现实人口密度 70 人/km²。其中，生态承载密度均值是 58 人/km²，水资源承载密度均值是 48 人/km²，土地资源承载密度均值是 95 人/km²，前两者低于现实人口密度，后者高于现实人口密度，与现实人口相比，水资源承载力和生态承载力具有较强的地域约束性。

乌兹别克斯坦资源环境承载密度为 10.22～489.36 人/km²，东部和南部地区普遍高于西部地区。地处东北部盆地的吉扎克州、塔什干州、纳曼干州、费尔干纳州、锡尔河州和安集延州，地处南部地区的苏尔汉河州、卡什卡达里亚州、中部的撒马尔罕州、西部的花拉子模州的资源环境承载力较强，资源环境承载密度为 103.77～489.36 人/km²；而地处西部沙漠的纳沃伊州、布哈拉州和卡拉卡尔帕克斯坦共和国和地处东北的塔什干的资源环境承载力较弱，承载密度为 10.22～52.98 人/km²，地域差异较为显著。

7.1.2 分区尺度

基于乌兹别克斯坦分区尺度的资源环境承载力评价表明，乌兹别克斯坦分区资源环境承载密度为 10.22～489.36 人/km²，密度均值为 67 人/km²。其中，10 个州高于全国平均水平，最高安集延州可达 489.36 人/km²；2 个州和 1 个直辖市和 1 个自治共和国低于

全国平均水平，最低纳沃伊州为 10.22 人/km²；从地域分异看，乌兹别克斯坦东北部盆地和南部的资源环境承载力普遍高于西部沙漠地区，分区资源环境承载力地域差异显著(图7-1)。

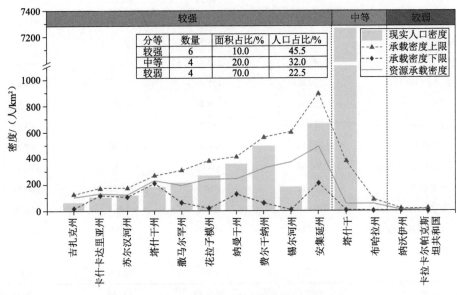

分等	数量	面积占比/%	人口占比/%
较强	6	10.0	45.5
中等	4	20.0	32.0
较弱	4	70.0	22.5

图 7-1 基于分区尺度的资源环境承载力分级

据此，以乌兹别克斯坦资源环境承载密度均值 67 人/ km²为参考指标，确定资源环境承载力小于 67 人/km²为低等水平，介于 67~201 人/km²为中等水平（均值 3 倍以内），大于 201 人/km²为高等水平，将乌兹别克斯坦 1 个自治共和国、1 个直辖市和 12 个州按照资源环境承载密度相对高低，可以分为较强、中等、较弱三类地区，分别以 H、M 和 L 表示。从总体情况看，基本可以反映出乌兹别克斯坦资源环境承载力总体处于较强水平（图7-2）。

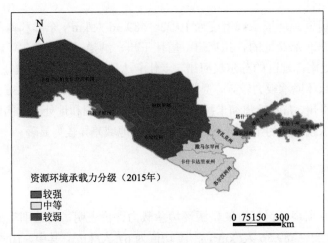

图 7-2 基于分区尺度的资源环境承载力分级图（2015 年）

1. 资源环境承载力较强的区域有 6 个，主要受到水资源承载力和生态环境承载力的影响

乌兹别克斯坦资源环境承载力较强的 6 个州，资源环境承载密度介于 226.07～489.36 人/km²，远高于全国平均水平；占地 4.45 万 km²，占比 10.01%；相应人口 1423 万人，占比 45.47%；主要受到水资源承载力和生态环境承载力不足的影响。根据资源环境限制性，6 个州可以区分为如下 4 种主要限制类型（表 7-2 和图 7-3）。

表 7-2　乌兹别克斯坦资源环境承载力较强区域限制性分析（单位：人/km²）

限制型	区域	资源环境承载密度	分项承载密度			现实人口密度
			生态	水资源	土地资源	
H_W	锡尔河州	370.62	264.79	6.63	596.10	182.00
H_E	纳曼干州	242.07	127.00	410.85	395.81	356.21
	安集延州	489.36	208.49	322.50	888.14	665.00
H_{EW}	费尔干纳州	325.77	188.64	58.08	559.52	492.50
	花拉子模州	238.70	173.15	16.24	380.52	265.80
H_{NONE}	塔什干州	226.07	206.71	627.78	268.36	181.04

图 7-3　资源环境承载力较强区域限制性分析

（1）H_W，水资源限制：受水资源限制的为锡尔河州。锡尔河州，2015 年资源环境承载力为 159.65 万人，占全国总量的 6.50%，承载密度为 370.62 人/km²，是全国平均水平的 5.5 倍，资源环境承载力排名第二。锡尔河州位于乌兹别克斯坦东北部，费尔干纳盆地的出口处，东部为广阔的锡尔河谷地，地势为起伏的平原，由南向西北地势逐渐降低，土地面积为 0.43 万 km²，耕地是主要土地利用类型。锡尔河州土地资源承载力较强，承载密度达到 596.10 人/km²；但水资源承载密度仅为 6.63 人/km²，水土资源耦合调配能力亟待加强；该州的生态承载空间适中，承载密度为 264.79 人/km²，相比现实人口密度

182 人/km²，水资源资源承载力是主要限制性因素。

（2）H_E，生态环境限制：受生态环境限制的为纳曼干州。纳曼干州，2015 年资源环境承载力为 175.12 万人，占全国总量的 7.12%，承载密度为 242.07 人/km²，约为全国平均水平的 3.6 倍，资源环境承载力较强。纳曼干州地处乌兹别克斯坦东北部，位于费尔干纳盆地的北部，锡尔河右岸，该州大部分地区为平原，向北地势逐渐升高，北部和西北部为山地，境内最大河流为锡尔河，土地面积为 0.72 万 km²，耕地是主要土地利用类型。纳曼干州水土资源丰富，承载密度分别达到 410.85 人/km² 和 395.81 人/km²；但生态承载力相对较弱，承载密度为 127 人/km²；相对于高度集聚的人口 356.21 人/km²，纳曼干州的资源环境承载空间相对紧张，生态环境受到一定限制。

（3）H_{EW}，生态环境和水资源限制：受生态环境和水资源两重限制的有 3 个州，具体包括：安集延州、费尔干纳州和花拉子模州。

安集延州，2015 年资源环境承载力为 212.14 万人，占全国总量的 8.63%，承载密度为 489.36 人/km²，约为全国平均水平的 7.3 倍，资源环境承载力最强。安集延州地处费尔干纳盆地东北部，西邻海拔 400~800m 的高地平原，东邻费尔干纳山和阿赖山的山前地带，土地面积为 0.43 万 km²，耕地是主要土地利用类型。安集延州农业发达，土地资源承载密度达 888.14 人/km²；但该州年均降水量较少，水资源承载密度为 322.50 人/km²，存在一定的水资源压力；该地区生态资源适中，生态承载密度为 208.49 人/km²；受到人口高度集聚的影响，安集延州的生态资源承载空间紧张，现状供水不能满足人口发展的需求，成为主要的两个限制性因素。

费尔干纳州，2015 年资源环境承载力为 229.89 万人，占全国总量的 9.35%，承载密度为 325.77 人/km²，约为全国平均水平的 4.9 倍，资源环境承载力排名第三。费尔干纳州地处乌兹别克斯坦东北部，费尔干纳盆地的南部，北部为库什捷宾斯克高地和雅兹亚瓦斯克草原，地势自北向南逐渐升高，土地面积为 0.7 万 km²，耕地是主要土地利用类型。费尔干纳州为农业州，土地生产力良好，土地资源承载力强，承载密度为 559.52 人/km²；相对土地资源承载力，由于该州水资源总量少（年均降水量仅为 175.7mm），且生态承载力逐年下降，导致水资源和生态环境承载力较弱，承载密度仅为 58.08 人/km² 和 188.64 人/km²，相对高度集聚的现实人口密度 492.50 人/km²，水资源和生态环境限制性突出。

花拉子模州，2015 年资源环境承载力为 155.44 万人，占全国总量的 6.32%，承载密度为 238.70 人/km²，约为全国平均水平的 3.5 倍，资源环境承载力较强。花拉子模州地处乌兹别克斯坦西部，位于西北部阿姆河下游，地势平坦，境内土地资源丰富，州内设有 10 个农业区，土地面积仅为 0.65 km²，但土地资源承载密度达 380.52 人/km²，农业生产以稻米、小麦等为主；从分区来看，该州是全国年降水量最少的地区，年均降水量仅为 89.9mm，同时受到地理位置影响，即分布在国内面积最大的克孜勒库姆沙漠中，导致水资源与生态承载力相对较弱，承载密度分别为 16.24 人/km² 和 173.15 人/km²；相对于较高集聚的人口，花拉子模州的资源环境承载空间相对紧张，水资源和生态环境均受到较大限制。

（4）H_{NONE}，无限制。不受三类限制的为塔什干州。塔什干州，2015 年资源环境承载力为 347.50 万人，占全国总量的 14.14%，承载密度为 226.07 人/km²，约为全国平均水平的 3.4 倍，资源环境承载力较强。塔什干州位于乌兹别克斯坦东北部，地处天山和锡尔河之间，南部为大片的耕地，北部为草原，生态环境承载力适中，承载密度为 206.71 人/km²；从分区来看，由于锡尔河及其支流奇尔奇克河流经此地，加上较高的年降水量，塔什干州的产水系数最高，对应的水资源量也最多，为 41.55 亿 m³，水资源相比其他各州丰富，承载密度为 627.78 人/km²；该州土地面积为 1.53 万 km²，土地生产力良好，土地资源承载密度为 268.36 人/km²；相比现实人口 181.04 人/km²，该区域不受水资源、土地资源和生态环境的限制。

2. 资源环境承载力中等的区域有 4 个，不同程度受到生态环境和水资源承载力限制

乌兹别克斯坦资源环境承载力中等有 4 个地区，资源环境承载密度为 103.77～196.49 人/km²，约为全国平均水平的 3 倍以内；占地 8.66 万 km²，占比 19.50%；相应人口为 1017 万人，占比 32%，不同程度地受到生态环境和水资源承载力限制。根据资源环境限制性，可以分为以下 3 种主要限制类型（表 7-3、图 7-4）。

表 7-3　乌兹别克斯坦资源环境承载力中等区域限制性分析　（单位：人/km²）

限制型	区域	资源环境承载密度	分项承载密度			现实人口密度
			生态	水资源	土地资源	
M_W	吉扎克州	103.77	120.56	16.29	123.46	59.11
M_{EW}	苏尔汉河州	122.12	105.15	105.28	171.20	117.51
	撒马尔罕州	196.49	146.97	61.47	305.01	209.86
M_{NONE}	卡什卡达里亚州	131.19	130.73	115.59	167.54	103.73

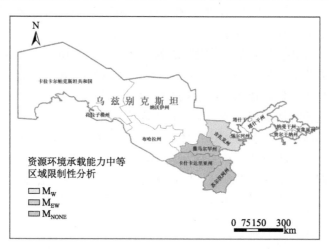

图 7-4　资源环境承载力中等区域限制性分析

（1）M_W，水资源限制：吉扎克州，2015 年资源环境承载力为 221.41 万人，占全国总量的 9.01%，承载密度为 103.77 人/km²，约为全国平均水平的 1.5 倍，资源环境承载力中等。吉扎克州位于乌兹别克斯坦中部，北部为克孜尔库姆沙漠的东南地带和艾达尔湖，地势南高北低，土地面积为 2.11 万 km²，属于农牧交错区。相比其他地区，该州的生态承载空间和土地资源较为匮乏，承载密度分别为 120.56 人/km²和 123.46 人/km²；从水资源看，该州全年降水量较高，多年平均降水量为 419.8mm，但水资源总量较低，根据区域内水资源开发利用现状，水资源承载密度仅为 16.29 人/km²；相对较小的现实人口规模，吉扎克州的水资源承载力构成限制性条件。

（2）M_{EW}，生态环境和水资源限制：受生态环境和水资源两重限制的包括撒马尔罕州和苏尔汉河州。

撒马尔罕州，2015 年资源环境承载力为 332.01 万人，占全国总量的 13.51%，承载密度为 196.49 人/km²，约为全国平均水平的 2.9 倍，资源环境承载力中等。撒马尔罕州位于乌兹别克斯坦中部，地处泽拉夫尚河流域的山间盆地，东部和南部邻山，西南为草原，农业生产以棉花和谷物为主，土地面积为 1.67 万 km²，耕地资源丰富，土地资源承载密度达 305.01 人/km²；受到地形的影响，该州水资源匮乏，且生态环境一般，承载密度分别为 61.47 人/km²和 146.97 人/km²，相比现实人口密度 209.86 人/km²，水资源和生态环境受到限制。

苏尔汉河州，2015 年资源环境承载力为 247.28 万人，占全国总量的 10.06%，承载密度为 122.12 人/km²，约为全国平均水平的 1.8 倍，资源环境承载力中等。苏尔汉河州位于乌兹别克斯坦南部，地处苏尔汉-舍拉巴德谷地，三面环山，中部和南部为平原，属于农业州，境内共设有 14 个农业区，土地面积为 2 万 km²，耕地资源充足，土地资源承载密度为 171.20 人/km²；相比其他区域，苏尔汉河州的降水丰富，多年降水均值为 526.5mm，但水资源量和人均水资源量一般，水资源承载力总体较弱，承载密度为 105.28 人/km²；生态环境承载力同样较弱，承载密度仅为 105.15 人/km²，相比现实人口密度 117 人/km²，该地区的水资源和生态环境均受到一定限制。

（3）M_{NONE}，无限制：不受三类限制的为卡什卡达里亚州。卡什卡达里亚州，2015 年资源环境承载力为 377.57 万人，占全国总量的 15.36%，承载密度为 131.19 人/km²，约为全国平均水平的 2 倍，资源环境承载力中等。卡什卡达里亚州位于乌兹别克斯坦南部，地处卡什卡达里亚河流域，地势从西向东逐渐升高，西部和北部为平原，生态承载空间较弱，生态环境承载密度为 130.73 人/km²；土地面积为 2.86 万 km²，土地资源承载力一般，承载密度为 167.54 人/ km²；区域内年均降水量为 423.1mm，水资源量和人均水资源量均较高，根据水资源开发现状，区域水资源承载密度为 115.59 人/km²，与生态承载密度接近；相对现实人口密度 103.73 人/km²，该区域不受水土资源和生态环境限制。

3. 资源环境承载力较弱的区域有 4 个，不同程度受到生态环境和水土资源承载力的限制

资源环境承载力较弱的 4 个区域的资源承载密度介于 10.22～52.98 人/km²，远低于

全国平均水平；占地 31.30 万 km²，占比 70.48%；相应人口 689.39 万人，占比 22.5%；均分布在西部沙漠地区，不同程度地受到生态环境和水土资源承载力的严重限制。根据资源环境限制性，可以分为以下 4 种主要限制类型（表 7-4、图 7-5）。

表 7-4　乌兹别克斯坦资源环境承载力较弱区域限制性分析　　（单位：人/km²）

限制型	区域	资源环境承载密度	分项承载密度			现实人口密度
			生态	水资源	土地资源	
L_W	纳沃伊州	10.22	9.94	0.87	13.98	8.36
L_{EW}	布哈拉州	52.98	40.10	1.01	83.15	42.64
L_{LW}	卡拉卡尔帕克斯坦共和国	12.65	22.40	0.54	8.18	10.94
L_{LEW}	塔什干	51.50	83.30	369.96	0.00	7262.38

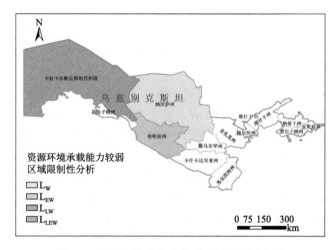

图 7-5　资源环境承载力较弱区域限制性分析

（1）L_W，水资源限制：纳沃伊州，2015 年资源环境承载力为 112.62 万人，占全国总量的 3.75%，资源环境承载密度为 10.22 人/km²，低于全国平均水平的 84.77%，资源环境承载力较弱。纳沃伊州地处乌兹别克斯坦国西部，境内大部分地区为沙漠，土地面积为 10.94 万 km²；由于地处沙漠，该州降水稀少且水资源总量极度匮乏，水资源承载密度仅为 0.87 人/km²；较少的耕地资源导致纳沃伊州的土地资源承载力极低，承载密度为 13.98 人/km²；受到地理环境影响，该州生态承载空间同样十分有限，承载密度为 9.94 人/km²，但相对稀疏的现实人口密度 8.36 万 km²，土地资源和生态空间尚可，仅水资源承载空间有限。

（2）L_{EW}，生态环境和水资源限制：受生态环境和水资源两重限制的为布哈拉州。布哈拉州，2015 年资源环境承载力为 223.82 万人，占全国总量的 7.46%，资源环境承载密度为 52.98 人/km²，低于全国平均水平的 25%，资源环境承载力较弱。布哈拉州位于乌兹别克斯坦西部，大部分地区处在克孜尔库姆沙漠，境内地势平缓，降水稀少，年均降水量为 120.1mm，水资源和生态环境承载力极低，承载密度分别为 1.01 人/km²和 40.10 人/km²，承载空间非常有限；该州主要的土地利用类型为耕地，相比水资源和生态环境承载力，土地承载空间较好，承载密度为 83.15 人/km²；相对较低的现实人口规模 42.64 人/km²，该州水资源和生态环境承载力成为资源环境承载力提高的主要限制性因素。

（3）L_{LW}，水土资源限制：卡拉卡尔帕克斯坦共和国，2015 年资源环境承载力为 205.63 万人，占全国总量的 6.85%，资源环境承载密度为 12.65 人/km²，低于全国平均水平的 81.14%，资源环境承载力较弱。该共和国位于乌兹别克斯坦西部，咸海的东南和西南，境内包括克孜勒库姆沙漠、乌斯秋尔特高原和阿姆河三角洲部分地区，苏丹乌外斯山系横亘其间，阿姆河川流而过；由于沙漠覆盖了境内绝大多数地区，区域生态承载空间较低，承载密度仅为 22.40 人/km²；尽管土地面积 16.14 万 km²，但耕地面积仅占 5%，食物生产非常有限，土地资源承载力不足 9 人/km²；受到地理位置的影响，该自治共和国产水系数最低且全年降水稀少，年均降水量为 108.9mm，人均水资源量小于 10 m³，水资源严重不足，承载密度仅为 0.54 人/km²；相比现实人口密度 10.94 人/km²，该地区的水资源、土地资源均受到较大限制。

（4）L_{LEW}，水土资源和生态环境限制：塔什干，2015 年资源环境承载力仅为 1.70 万人，资源环境承载密度为 51.50 人/km²，低于全国平均水平的 27%，资源环境承载力较弱。塔什干是乌兹别克斯坦首都，地处乌兹别克斯坦东北部，位于恰特卡尔山西面，是奇尔奇克河谷地的绿洲中心，境内地势平坦，土地面积为 327 km²，建设用地是最主要的土地利用类型，占全国土地面积的 80%；区域内水资源充足，承载密度为 369.96 人/km²，但土地资源和生态环境承载空间匮乏，生态承载密度为 83.30 人/km²，土地资源承载密度几乎为零，面对极高聚集的现实人口规模 7262.38 人/km²，水资源、土地资源和生态环境承载空间均绝对有限。

7.2 乌兹别克斯坦资源环境承载力综合评价与警示性分级

在资源环境承载力分类评价与限制性分类的基础上，结合人居环境自然适宜性评价与适宜性分区和社会经济发展适应性评价与适应性分等，建立了基于人居环境适宜指数（HSI）、资源环境限制指数（REI）和社会经济适应指数（SDI）的资源环境承载指数（PREDI）模型；基于资源环境承载指数（PREDI）模型，以分区为基本研究单元，从全国和区域 2 个不同尺度，完成了乌兹别克斯坦资源环境承载力综合评价与警示性分级，揭示了乌兹别克斯坦不同地区的资源环境承载状态及其超载风险。

7.2.1　全国水平

1. 乌兹别克斯坦资源环境承载力总体处于临界超载的平衡状态, 近45%的人口分布在占地85%的资源环境承载力超载地区

基于资源环境承载指数（PREDI）的资源环境承载力综合评价表明：乌兹别克斯坦分区域 2015 年资源环境承载指数介于 0.28~1.88，均值在 0.86 水平，资源环境承载力总体处于临界超载的平衡状态。其中，资源环境承载力处于盈余状态的地区占地 0.86 万 km²，占比 1.93%，相应人口 366.68 万人，占比 11.72%；处于平衡状态的地区占地 5.76 万 km²，占比 12.97%，相应人口 1336 万人，占比 42.71%；处于超载状态的地区占地 37.79 万 km²，占比 85.10%，相应人口 1427 万人，占比 45.58%；全国 45%的人口分布在占地 85%的资源环境承载力超载地区，值得关注。

2. 乌兹别克斯坦资源环境承载状态东北部普遍优于其他地区, 区域人口与资源环境社会经济关系有待协调

乌兹别克斯坦 2015 年资源环境承载力处于盈余和平衡状态的区域主要分布在乌兹别克斯坦东北部的费尔干纳盆地；处于超载状态的地区主要分布在乌兹别克斯坦的西部克孜尔库姆沙漠、南部的天山山系和中部泽拉夫尚河盆地。全国有近 1/2 的人口分布在资源环境超载地区，主要集中在卡拉卡尔帕克斯坦共和国、纳沃伊州及苏尔汉河州等地，区域人口与资源环境社会经济关系亟待协调。

7.2.2　分区尺度

从分区格局看，乌兹别克斯坦分区的资源环境承载力整体趋于临界超载的平衡状态。根据资源环境承载力警示性分级标准，将乌兹别克斯坦 12 个州、1 个自治共和国和 1 个直辖市按照资源环境承载指数（PREDI）高低，警示性分为盈余、平衡和超载等三类地区，并进一步讨论了区域资源环境承载力的限制属性类型（图 7-6~图 7-11；表 7-5~表 7-9）。其中，I、II、III 分别代表盈余、平衡、超载三个警示性分级；E 代表人居环境适宜性、R 代表资源环境限制性、D 代表社会经济适应性，也可以联合表达双重性或三重性，诸如 II$_{ED}$、III$_{ERD}$ 等。

统计表明，乌兹别克斯坦现有 2 个州的资源环境承载指数高于 1.15，资源环境承载力处于盈余状态，主要位于乌兹别克斯坦东北部；有 4 个州和 1 个直辖市的资源环境承载指数介于 0.7 至 1.15 之间，资源环境承载力处于平衡状态；有 6 个州和 1 个自治共和国的资源环境承载指数低于 0.7，资源环境承载力处于超载状态，主要分布在乌兹别克斯坦西部、中部和南部。从地域类型看，乌兹别克斯坦分区 50%的资源环境承载力超载；从地域分布看，东北部的资源环境承载力普遍优于其他地区。

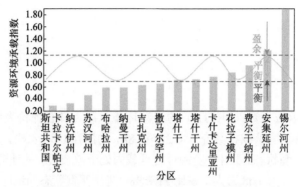

图 7-6 分区尺度资源环境综合承载指数

图 7-7 基于分区尺度的资源环境承载力警示性分级

表 7-5 乌兹别克斯坦分区资源环境承载力警示性分级统计表

分类		PREDI	HSI	SDI	REI	土地		人口		
						面积/万 km²	占比/%	数量/万人	占比/%	密度/（人/km²）
盈余地区（Ⅰ）	Ⅰ$_R$	1.20	1.54	1.20	0.65	0.43	0.97	288.28	9.21	665.00
		1.88	1.63	1.33	0.87	0.43	0.96	78.40	2.51	182.00
平衡地区（Ⅱ）	Ⅱ$_R$	0.96	1.41	1.06	0.64	0.71	1.58	347.56	11.10	492.50
		0.71	1.24	1.58	0.36	0.03	0.07	239.24	7.64	7262.38
	Ⅱ$_{RD}$	0.84	1.21	0.94	0.73	0.65	1.46	173.09	5.53	265.80
	Ⅱ$_{ER}$	0.72	0.70	1.16	0.89	1.54	3.44	278.29	8.89	181.04
	Ⅱ$_{ERD}$	0.77	0.83	1.06	0.87	2.88	6.43	298.53	9.54	103.73
超载地区（Ⅲ）	Ⅲ$_{ER}$	0.59	0.81	1.10	0.66	0.72	1.62	257.70	8.23	356.21
	Ⅲ$_{ERD}$	0.28	0.63	0.58	0.78	16.26	36.33	177.88	5.68	10.94
		0.32	0.63	0.62	0.83	11.02	24.63	92.13	2.94	8.36
		0.46	0.68	0.84	0.81	2.02	4.53	237.93	7.60	117.51
		0.58	0.87	0.84	0.81	4.22	9.44	180.13	5.76	42.64

续表

分类		PREDI	HSI	SDI	REI	土地		人口		
						面积/万 km²	占比/%	数量/万人	占比/%	密度/（人/km²）
超载地区（Ⅲ）	Ⅲ$_{ERD}$	0.62	0.88	0.79	0.89	2.13	4.77	126.12	4.03	59.11
		0.65	0.96	0.90	0.75	1.69	3.78	354.61	11.33	209.86

注：表中 E、R、D 分别为人居环境适宜性、资源环境限制性、社会经济适应性。

1. 资源环境承载力盈余的 2 个州为乌兹别克斯坦东北部的锡尔河州和安集延州，较好的人居环境适宜性和社会经济适应性较大程度上提升了区域资源环境承载力

资源环境承载力盈余的 2 个州，资源环境承载指数为 1.2～1.88，占地 0.86 万 km²，占比 1.93%；相应人口 366.68 万人，占比 11.72%；平均人口密度为 424.26 人/km²，近似于资源环境承载密度 430.18 人/km²；分布在乌兹别克斯坦东北部，具有较好的人居环境适宜性和社会经济适应性，但资源环境发展空间有待优化。

根据人居环境适宜性、资源环境限制性和社会经济适应性的地域差异，该资源环境承载力盈余的区域可以划分为如下限制性类型（表 7-6 和图 7-8）。

表 7-6　乌兹别克斯坦资源环境承载力盈余地区限制因素分析

状态	分区	土地		人口			PREDI	HSI	SDI	REI
		面积/万 km²	占比/%	数量/万人	占比/%	人口密度/（人/km²）				
I$_R$	锡尔河州	0.43	0.96	78.40	2.51	182.00	1.88	1.63	1.33	0.87
	安集延州	0.43	0.97	288.28	9.21	665.00	1.20	1.54	1.20	0.65
小计		0.86	1.93	366.68	11.72	430.18	1.54	1.59	1.27	0.76

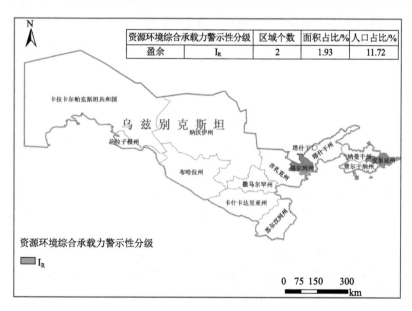

图 7-8　基于分区尺度的资源环境承载力盈余地区警示性分级

I_R，资源环境限制型：受资源环境限制的州有 2 个，具体包括锡尔河州和安集延州，适宜的人居环境和较高的社会经济发展水平，在很大程度上改善了区域资源环境限制性。

锡尔河州，资源环境承载指数为 1.88，资源环境承载力总体处于盈余状态。其中，资源环境承载力盈余地区占地 2.63%，相应人口占比 2.77%；平衡地区占地 93.42%，相应人口占比 85.87%；超载地区占地 3.95%，相应人口占比 11.36%；全州 85% 以上的人口分布在资源环境承载力盈余或平衡地区，人口与资源环境社会经济发展有待协调。锡尔河州位于乌兹别克斯坦东北部，地处费尔干纳盆地的出口处，东部为广阔的锡尔河谷地，地势平缓，耕地资料较少，但人居环境适宜性强，人口城市化率不断增加；从社会经济发展水平来看，该州"白金"（棉花）资源丰富，是乌兹别克斯坦的主要经济作物，尽管建国后为了保障粮食的自给自足，棉花种植面积有所下降，但随着乌兹别克斯坦经济结构的调整，开始利用自身优势大力发展棉花加工工业，包括轧棉业和缝纫业，基础工业部门产量提升，经济发展持续向好，提升了区域资源环境综合能力。

安集延州，资源环境承载指数为 1.20，资源环境承载力总体处于盈余状态。其中，资源环境承载力盈余地区占地 2.90%，相应人口占比 0.75%；平衡地区占地 76.81%，相应人口占比 66.28%；超载地区占地 20.29%，相应人口占比 32.97%；全州 65% 以上的人口分布在资源环境承载力盈余或平衡地区，人口与资源环境社会经济发展有待协调。安集延州位于乌兹别克斯坦东北部，是乌兹别克斯坦人口密度最高的州，耕地承载空间有限，资源环境限制性较强；该州地处费尔干纳盆地东侧，地势平缓，人居环境适宜性强；从社会经济发展水平来看，依赖于自身优越的地理位置和适宜的气候，该州工农业均较为发达，农业生产包括棉花种植、瓜果蔬菜种植等，重要的工业包括机械制造、建材等，该州还是"黑金"（石油）、"蓝金"（天然气）的主要产区，经济部门齐全，经济发展态势良好；适宜的人居环境和较高的社会经济发展水平提高了区域资源环境综合能力。

2. 资源环境承载力平衡的区域有 5 个，位于乌兹别克斯坦东北部、西部和南部，资源环境发展空间有待优化

乌兹别克斯坦资源环境承载力平衡的有 4 个州和 1 个直辖市，资源环境承载指数为 0.71～0.96，占地 5.76 万 km²，占比 12.97%；相应人口 1336.7 万人，占比 42.71%；人口密度为 230.27 人/km²，高于资源环境承载密度 162.38 人/km²；零星分布于乌兹别克斯坦东北部、西部和南部地区，具有较高的资源环境限制性，资源环境发展空间有待优化。

根据人居环境适宜性、资源环境限制性和社会经济适应性的地域差异，乌兹别克斯坦的 5 个资源环境承载力平衡的区域可以划分为以下 4 种主要限制类型（图 7-9 和表 7-7）。

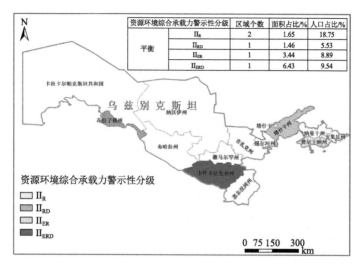

图 7-9 基于分区尺度的资源环境承载力平衡地区警示性分级

表 7-7 乌兹别克斯坦资源环境承载力平衡地区限制性因素分析

状态	分区	土地		人口			PREDI	HSI	SDI	REI
		面积/万 km²	占比/%	数量/万人	占比/%	人口密度/(人/km²)				
II$_R$	费尔干纳州	0.70	1.58	347.56	11.1	492.50	0.96	1.41	1.06	0.64
	塔什干	0.03	0.07	239.24	7.64	7262.38	0.71	1.24	1.58	0.36
II$_{RD}$	花拉子模州	0.65	1.46	173.09	5.53	265.80	0.84	1.21	0.94	0.73
II$_{ER}$	塔什干州	1.53	3.44	278.29	8.89	181.04	0.72	0.7	1.16	0.89
II$_{ERD}$	卡什卡达里亚州	2.86	6.43	298.53	9.54	103.73	0.77	0.83	1.06	0.87
	小计	5.76	12.97	1336.70	42.71	230.27	0.80	1.08	1.16	0.70

（1）II$_R$，资源环境限制型：受资源环境限制的为费尔干纳州和塔什干，具体来说：

费尔干纳州，资源环境承载指数为 0.96，资源环境承载力总体处于平衡状态。其中，资源环境承载力盈余地区占地 1%，相应人口占比 0.01%；平衡地区占地 67%，现有人口占比 63.97%；超载地区占地 32%，相应人口占比 36.02%；全州 60% 以上的人口分布在资源环境承载力盈余或平衡地区，人口与资源环境社会经济关系有待协调。费尔干纳州位于乌兹别克斯坦东北部，费尔干纳盆地的南部，北部为库什捷宾斯克高地和雅兹亚瓦斯克草原，地势自北向南逐渐升高；该州以农牧业为主要产业，同时大力发展工业，以棉纺、丝织、化工、石油等为主的现代工业和高技术、高附加值的产业占比不断增加，依赖于境内畅通的交通，能源出口蓬勃发展，较好的人居环境适宜性和较高的社会经济发展水平在一定程度上提高了资源环境承载力，但耕地的不足使州内资源环境限制性较强，人口相对聚集带来的资源环境限制性尚有协调空间。

塔什干，资源环境承载指数为 0.71，资源环境承载力总体处于临界超载的平衡状态。其中，资源环境承载力平衡地区占地 40%，相应人口占比 10.69%；超载地区占地 60%，相应人口占比 89.31%；全市近 90%的人口分布在资源环境承载力超载地区，人口与资源环境社会经济关系亟待协调。塔什干位于乌兹别克斯坦东北部，是乌兹别克斯坦首都，处于恰特卡尔山脉西面，锡尔河东北的支流奇尔奇克河谷地，丰富的矿产资源储量不仅使其成为古"丝绸之路"上重要的商业枢纽之一，也成为乌兹别克斯坦最发达的工业区和重要的农业区，全球经济危机以后，虽受国际油价及矿产资源价格变动影响，但该州依靠自身的资源禀赋优势以及逐渐调整的经济结构，GDP 总量持续增加，经济发展态势稳定；此外，塔什干交通发达，拥有 3 条地铁线路、29 个地铁站，并拥有中亚唯一的高速铁路，人居环境适宜性好，城市化水平高，在一定程度上提高了资源环境承载力；但高度发达的社会经济发展带来了人口的极大繁荣和极高的城市化水平，严重影响资源环境限制性，部分限制了区域资源环境承载力的提高。

（2）II_{RD}，资源环境与社会经济限制型：受资源环境与社会经济发展双重限制的为花拉子模州，资源环境承载指数为 0.84，资源环境承载力总体处于平衡状态。其中，资源环境承载力盈余地区占地 1.79%，相应人口占比 1.44%；平衡地区占地 52.68%，相应人口占比 66.86%；超载地区占地 45.54%，相应人口占比 31.70%；全州 65%以上的人口分布在资源环境承载力盈余或平衡地区，人口与资源环境社会经济发展有待协调。花拉子模州地处乌兹别克斯坦西部，阿姆河下游左岸，土地面积仅为 0.65 万 km²，自然条件较差，资源环境限制明显；该州是一个典型的农业区，产业结构以农业和旅游业为主，以棉花、水稻和小麦的种植为主要农产品，人居环境适宜性好；该州生产加工业较薄弱，农业产值占州国内生产总值的 44%，而工业只占 9.2%，人类发展水平中等，经济发展增速一般，社会经济发展水平与资源环境限制性阻碍了区域资源环境承载力的提高。

（3）II_{ER}，人居环境与资源环境限制型：受人居环境与资源环境双重限制的为塔什干州，资源环境承载指数为 0.72，资源环境承载力总体处于临界超载的平衡状态。其中，资源环境承载力盈余地区占地 24.79%，相应人口占比 10.52%；平衡地区占地 53.42%，相应人口占比 38.53%；超载地区占地 21.79%，相应人口占比 50.95%；全州 50%以上的人口分布在资源环境承载力超载地区，人口与资源环境社会经济关系有待协调。塔什干州位于乌兹别克斯坦东北部，地处天山和锡尔河之间，具有良好的交通条件，经济发展多依赖出口，社会经济发展水平高，是乌兹别克斯坦经济最发达的州；但该州人类发展水平较低，区域资源环境承载力受到人居环境和资源环境的限制。

（4）II_{ERD}，人居环境、资源环境与社会经济限制型：受人居环境适宜性、资源环境限制性与社会经济适应性三重限制的为卡什卡达里亚州，资源环境承载指数为 0.77，资源环境承载力总体处于平衡状态。其中，资源环境承载力盈余地区占地 6.19%，相应人口占比 1.49%；平衡地区占地 53.33%，相应人口占比 72.33%；超载地区占地 40.48%，相应人口占比 26.18%；全州 70%以上的人口分布在资源环境承载力盈余或平衡地区，人口与资源环境社会经济关系有待协调。卡什卡达里亚州位于乌兹别克斯坦南部，地处卡什卡达里亚河流域，地势从西向东逐渐升高，北部与西北部为广阔的沙漠平原，南部为草原，东南部是吉萨尔山脉的支脉，受到地理环境的影响，该州人居环境适宜性较差且资源环境限制性较强；该州资源禀赋中等，轻工业和食品工业是该州的主要产业部门，天然气工业和建材工业也都有相当的规模，人类发展水平和交通通达水平中等，城市化水平较高，社会经济发展水平受到一定限制。

3. 资源环境承载力超载的区域有 7 个，主要分布于乌兹别克斯坦的西部、中部和南部，人口与资源环境社会经济关系亟待调整

乌兹别克斯坦资源环境承载力超载的区域有 6 个州和 1 个自治共和国，资源环境承载指数介于 0.28～0.65 之间，占地 37.79 万 km²，占比 85.10%；相应人口 1426.51 万人，占比 45.58%；平均人口密度为 37.47 人/km²，高于资源环境承载密度 19.44 人/km²；主要分布于西部、中部和南部地区，人口与资源环境社会经济关系亟待调整。

根据人居环境适宜性、资源环境限制性和社会经济适应性的地域差异，乌兹别克斯坦 7 个资源环境承载力超载的区域可以划分为 2 种主要限制性类型（表 7-8、图 7-10）。

表 7-8　乌兹别克斯坦资源环境承载力超载地区限制性因素分析

状态	分区	土地		人口			PREDI	HSI	SDI	REI
		面积/万 km²	占比/%	数量/万人	占比/%	人口密度/(人/km²)				
III$_{ER}$	纳曼干州	0.72	1.62	257.70	8.23	356.21	0.59	0.81	1.1	0.66
III$_{ERD}$	卡拉卡尔帕克斯坦共和国	16.14	36.33	177.88	5.68	10.94	0.28	0.63	0.58	0.78
	纳沃伊州	10.94	24.63	92.13	2.94	8.36	0.32	0.63	0.62	0.83
	苏尔汉河州	2.01	4.53	237.93	7.60	117.51	0.46	0.68	0.84	0.81
	布哈拉州	4.19	9.44	180.13	5.76	42.64	0.58	0.87	0.84	0.81
	吉扎克州	2.12	4.77	126.12	4.03	59.11	0.62	0.88	0.79	0.89
	撒马尔罕州	1.68	3.78	354.61	11.33	209.86	0.65	0.96	0.9	0.75
小计		37.79	85.10	1426.51	45.58	37.47	0.59	0.86	0.95	0.76

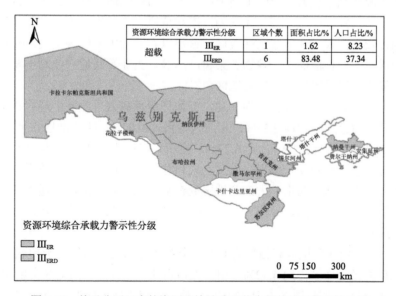

图 7-10　基于分区尺度的资源环境综合承载力超载地区警示性分级

（1）III_{ER}，人居环境与资源环境限制型：受人居环境与资源环境双重限制的为纳曼干州，资源环境承载指数为0.59，资源环境承载力总体处于超载状态。其中，资源环境承载力盈余地区占地4.39%，相应人口占比0.02%；平衡地区占地59.65%，相应人口占比39.74%；超载地区占地35.96%，相应人口占比60.24%；全州60%以上的人口分布在资源环境承载力超载地区，人口与资源环境社会经济关系有待协调。纳曼干州地处乌兹别克斯坦东北部，为农业州，土地资源丰富，但生态承载空间有限；该州北部和西部地形起伏度高，人居环境适宜性较差，但境内交通较为通达，轻工业发达，社会经济发展水平较高，较低的人居环境适宜性与较高的资源环境限制性阻碍了区域的资源环境承载力。

（2）III_{ERD}，人居环境、资源环境与社会经济限制型：受人居环境适宜性、资源环境限制性与社会经济适应性三重限制的有6个区域，具体包括：卡拉卡尔帕克斯坦共和国、纳沃伊州、苏尔汉河州、布哈拉州、吉扎克州和撒马尔罕州。

撒马尔罕州，资源环境承载指数为0.65，资源环境承载力总体处于超载状态。其中，资源环境承载力盈余地区占地6.91%，相应人口占比5.12%；平衡地区占地53%，相应人口占比57.20%；超载地区占地40.09%，相应人口占比37.69%；全州60%以上的人口分布在资源环境承载力盈余或平衡地区，人口与资源环境社会经济关系有待协调。撒马尔罕州位于乌兹别克斯坦中部，地处泽拉夫尚河流域的山间盆地，矿产资源丰富，但生态环境和水资源有限，人居环境适宜性较低，生态禀赋受到一定限制；此外，该州交通通达性和城市化水平一般，无明确可拉动人类发展水平提高的因素，社会经济发展水平部分受到限制。

吉扎克州，资源环境承载指数为0.62，资源环境承载力总体处于超载状态。其中，资源环境承载力盈余地区占地11.31%，相应人口占比12.82%；平衡地区占地51.07%，相应人口占比57.99%；超载地区占地37.61%，相应人口占比29.18%；全州70%以上的人口分布在资源环境承载力盈余或平衡地区，人口与资源环境社会经济关系有待协调。吉扎克州位于乌兹别克斯坦中部，北部为沙漠和草原，南部为高山，自然条件较差，资源环境限制性较强，人居环境适宜性较低；该州以农业为主要经济支柱，农业产值可占总产值的四成，主要种植棉花、谷物、果树产品等，工业等其他产业均不发达，属于乌兹别克斯坦境内经济发展较为缓慢的地区。

布哈拉州，资源环境承载指数为0.58，资源环境承载力总体处于超载状态。其中，资源环境承载力盈余地区占地2.27%，相应人口占比0.02%；平衡地区占地51.46%，相应人口占比56.13%；超载地区占地46.27%，相应人口占比43.86%；全州55%以上的人口分布在资源环境承载力盈余或平衡地区，人口与资源环境社会经济关系有待协调。布哈拉州位于乌兹别克斯坦西南，大部分地区处在克孜尔库姆沙漠，交通不便，受到自然环境和人类发展水平的制约，该州人居环境适宜性低，资源环境禀赋较差，社会经济发展水平受到限制。

苏尔汉河州，资源环境承载指数为0.46，资源环境承载力总体处于超载状态。其中，资源环境承载力盈余地区占地4.42%，相应人口占比1.16%；平衡地区占地48.64%，相应人口占比46.82%；超载地区占地46.94%，相应人口占比52.02%；全州50%以上的人

17

口分布在资源环境承载力超载地区，人口与资源环境社会经济关系有待协调。苏尔汉河州位于乌兹别克斯坦南部，三面环山，水资源和生态资源空间不足，人居环境适宜性较差，资源环境限制性较强；在经济发展方面，该州以农业为经济主导产业，主要部门是植棉业、养蚕业、园艺业和草地畜牧业，工业方面则以轻工业为主，虽然近年来以石油、天然气等为主要采集物的采矿业有所发展，经济增速较快，但因其 2020 年的生产总值仅占全国 GDP 的 4.73%，社会经济发展仍然相对滞后。

纳沃伊州，资源环境承载指数为 0.32，资源环境承载力总体处于超载状态。其中，资源环境承载力盈余地区占地 1.26%，相应人口占比 5.19%；平衡地区占地 53.09%，相应人口占比 43.54%；超载地区占地 45.66%，相应人口占比 51.27%；全州 50% 以上的人口分布在资源环境承载力超载地区，人口与资源环境社会经济关系有待协调。纳沃伊州地处乌兹别克斯坦国西部，境内大部分地区为沙漠，资源环境限制性强，人口聚集程度低，属于地广人稀的区域；由于受到自然条件限制，该州城市基础设施建设程度较低，交通通达水平及城市化水平不高，导致经济社会发展较为落后。不适宜的人居环境、较强的资源环境限制性和相对滞后的社会经济发展水平多重限制了区域资源环境承载力的提升。

卡拉卡尔帕克斯坦共和国，资源环境承载指数为 0.28，资源环境承载力总体处于超载状态。其中，资源环境承载力盈余地区占地 0.04%，相应人口占比 0.05%；平衡地区占地 74.83%，相应人口占比 62.53%；超载地区占地 25.13%，相应人口占比 37.42%；全国 60% 以上的人口分布在资源环境承载力超载地区，人口与资源环境社会经济关系有待协调。卡拉卡尔帕克斯坦共和国位于乌兹别克斯坦国西部，境内被克孜勒库姆沙漠覆盖，高山横亘，人居环境适宜性较低，资源环境禀赋差，人口聚集程度低；由于地理环境较为恶劣，该州的城市化率和交通通达水平明显低于全国平均水平，加上交通基础设施的修建和维护均较为困难，社会经济发展受到明显限制。区域资源环境承载力受到人居环境、资源环境与社会经济的三重限制。

表 7-9　乌兹别克斯坦各区域资源环境综合承载状态统计表（2015 年）

区域	PREDI	状态	土地		人口		
			面积/km²	占比/%	数量/万人	占比/%	密度/（人/km²）
锡尔河州	1.88	盈余	112.46	2.63	2.17	2.77	191.69
		平衡	3994.64	93.42	67.32	85.87	167.29
		超载	168.90	3.95	8.91	11.36	523.43
安集延州	1.20	盈余	124.79	2.90	2.16	0.75	171.98
		平衡	3305.13	76.81	191.07	66.28	573.84
		超载	873.08	20.29	95.04	32.97	1080.59
费尔干纳州	0.96	盈余	70.05	1.00	0.03	0.01	4.93
		平衡	4693.35	67.00	222.33	63.97	470.23
		超载	2241.60	32.00	125.19	36.02	554.37

续表

区域	PREDI	状态	土地		人口		
			面积/km²	占比/%	数量/万人	占比/%	密度/（人/km²）
花拉子模州	0.84	盈余	115.71	1.79	2.49	1.44	213.83
		平衡	3405.24	52.68	115.73	66.86	337.35
		超载	2943.06	45.54	54.87	31.70	185.02
卡什卡达里亚州	0.77	盈余	1768.36	6.19	4.45	1.49	24.97
		平衡	15235.31	53.33	215.92	72.33	140.68
		超载	11564.33	40.48	78.15	26.18	67.08
塔什干州	0.72	盈余	3782.46	24.79	29.28	10.52	76.83
		平衡	8150.82	53.42	107.22	38.53	130.58
		超载	3324.72	21.79	141.79	50.95	423.32
塔什干	0.71	盈余	0.00	0.00	0.00	0.00	0.00
		平衡	130.80	40.00	25.58	10.69	1940.87
		超载	196.20	60.00	213.67	89.31	10810.05
撒马尔罕州	0.65	盈余	1159.01	6.91	18.16	5.12	155.50
		平衡	8889.69	53.00	202.84	57.20	226.49
		超载	6724.30	40.09	133.65	37.69	197.30
吉扎克州	0.62	盈余	2395.35	11.31	16.17	12.82	67.00
		平衡	10816.12	51.07	73.14	57.99	67.12
		超载	7967.54	37.61	36.80	29.18	45.86
纳曼干州	0.59	盈余	315.25	4.39	0.05	0.02	1.62
		平衡	4283.47	59.65	102.41	39.74	237.32
		超载	2582.29	35.96	155.24	60.24	596.73
布哈拉州	0.58	盈余	951.97	2.27	0.04	0.02	0.38
		平衡	21580.79	51.46	101.11	56.13	46.51
		超载	19404.25	46.27	79.01	43.86	40.42
苏尔汉河州	0.46	盈余	888.38	4.42	2.76	1.16	30.84
		平衡	9776.15	48.64	111.40	46.82	113.11
		超载	9434.47	46.94	123.77	52.02	130.22
纳沃伊州	0.32	盈余	1378.13	1.26	4.78	5.19	34.44
		平衡	58067.19	53.09	40.11	43.54	6.86
		超载	49929.69	45.66	47.24	51.27	9.39
卡拉卡尔帕克斯坦共和国	0.28	盈余	64.54	0.04	0.09	0.05	13.68
		平衡	120744.20	74.83	111.23	62.53	9.14
		超载	40549.27	25.13	66.56	37.42	16.29

7.3　结论与建议

7.3.1　基本结论

乌兹别克斯坦资源环境承载力综合评价研究，遵循"适宜性分区—限制性分类—适应性分等—警示性分级"的技术路线，从全国到分区（12 个州 1 个自治共和国和 1 个直辖市），定量评估了乌兹别克斯坦资源环境承载力，完成了乌兹别克斯坦资源环境承载力综合评价与警示性分级，揭示了乌兹别克斯坦不同地区的资源环境承载状态及其超载风险，为促进人口与资源环境社会经济协调发展提供了科学依据和决策支持。基本结论如下：

1. 乌兹别克斯坦资源环境承载力总量尚可，维持在 3001.77 万人水平，1/3 以上集中在东部和南部地区

考虑水土资源和生态资源可利用性，2015 年乌兹别克斯坦资源环境承载力在 3001.77 万人水平。其中，乌兹别克斯坦生态承载力为 2600.44 万人；基于现实供水条件的水资源承载力为 2175.68 万人，基于热量平衡的土地资源承载力为 4229.19 万人，水资源分配不均和需水量大是乌兹别克斯坦资源环境承载力的主要限制因素。

统计表明，乌兹别克斯坦 1/3 以上的资源环境承载力集中在占地约 1/2 的卡什卡达里亚州、塔什干州和撒马尔罕州，资源环境承载力分别为 377.57 万人、347.50 万人和 332.01 万人，占全国的 35.22%，占地 46.22%，是乌兹别克斯坦资源环境承载力主要潜力地区。

2. 乌兹别克斯坦资源环境承载力相对较强，人口密度均值为 67 人/ km²，东部和南部普遍高于西部地区

乌兹别克斯坦国土面积 44.41 万 km²，良好的资源环境承载力集中分布在东部和南部地区，资源环境承载密度较强，平均为 67 人/km²，资源环境承载力相对较强。乌兹别克斯坦资源环境承载力地域差异显著，东北部盆地和南部普遍高于西部沙漠地区。地处东部盆地的塔什干州、纳曼干州、费尔干纳州、锡尔河州和安集延州和西部的花拉子模州的资源环境承载力较强，资源环境承载密度介于 226.07～489.36 人/ km²，远高于全国平均水平；地处中部的撒马尔罕州、东北部吉扎克州、南部地区的苏尔汉河州和卡什卡达里亚州资源环境承载能力中等，资源环境承载密度介于 103.77～196.49 人/km²；地处西部沙漠地区的纳沃伊州、布哈拉州和卡拉卡尔帕克斯坦共和国以及塔什干的资源环境承载力较低，资源环境承载密度介于 10.22～52.98 人/km²，低于全国平均水平。

3. 乌兹别克斯坦资源环境承载力以临界超载的平衡状态为主要特征，东北部普遍优于其他地区，人口与资源环境社会经济关系有待协调

乌兹别克斯坦资源环境承载指数介于 0.28～1.88，均值在 0.86 水平，资源环境承载

力总体处于超载状态。乌兹别克斯坦资源环境承载力综合评价与警示性分级表明，盈余的 2 个州主要分布在东北部盆地；平衡的 4 个州和 1 个直辖市在东北部、南部和西部均有分布；超载的 6 个州和 1 个自治共和国主要分布在乌兹别克斯坦西部、中部和南部地区。乌兹别克斯坦资源环境承载状态东北部地区普遍优于西部、中部和南部，全国尚有 45% 的人口分布在占地 85% 的资源环境超载地区，人口与资源环境社会经济关系有待协调。

4. 从资源环境限制性看，人口发展的"天花板"仍然较低，需谨防高用水量和生态环境破坏带来的超载问题

根据 Our World in Data 网站（https://www.ourworldindata.org）的数据资料显示，综合考虑人口年龄结构、生育政策变动、预期寿命提高、人口迁移流动等多方因素预测，乌兹别克斯坦人口可能在 2030～2035 年达到 3761 万～3888 万人（图 7-11）。从乌兹别克斯坦资源环境承载力的"天花板"和约束性"短板"来看，乌兹别克斯坦水资源和生态环境承载力不足以支持现有 3130 万人口规模，2030～2035 年人口发展可能继续对水资源的约束和政策管控下的生态环境承载力有所冲击，特别地，倘若不能优化水资源分配模式、限制不合理的水资源利用和解决生态环境破坏的问题，乌兹别克斯坦的资源环境将继续面临超载风险，可以通过提高水资源节约利用效率，加强区域生态修复和调节产业结构等措施应对，总体上会引起水资源和生态环境超载问题，但不会引起土地资源超载问题。

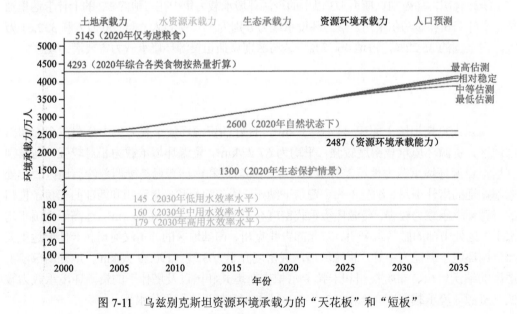

图 7-11　乌兹别克斯坦资源环境承载力的"天花板"和"短板"

7.3.2　对策建议

基于乌兹别克斯坦资源环境承载力定量评价与限制性分类和综合评价与警示性分

级的基本认识和主要结论，研究提出了促进乌兹别克斯坦人口与资源环境社会经济协调发展、人口分布与资源环境承载力相适应的适宜策略和对策建议：

1. 坚持因地制宜、分类施策，尊重客观规律、发挥比较优势，促进区域人口-资源环境-社会经济可持续发展

乌兹别克斯坦资源环境承载力总体处于临界超载的平衡状态，相对较高的水资源环境限制性进一步阻碍了乌兹别克斯坦的区域资源环境承载力的提高。研究表明，所有区域的资源环境承载力或多或少受到人居环境适宜性、资源环境限制性和社会经济适应性等不同因素的影响（表 7-10）。其中，受到人居环境适宜性、资源环境限制性和社会经济适应性等单因素影响的有 3 个州和 1 个直辖市；双因素影响的有 3 个州、三因素影响的有 6 个州和 1 个自治共和国；受到人居环境适宜性影响的有 8 个州和 1 个自治共和国，受到资源环境限制性影响的有 12 个州、1 个直辖市和 1 个自治共和国，受到社会经济适应性限制的有 7 个州和 1 个自治共和国。整体上来看，乌兹别克斯坦的资源环境承载力总体受到三重因素的制约，不同区域的资源环境承载力地域差异显著，人居环境适宜性、资源环境限制性和社会经济适应性各不相同。

因此，随着生产力的发展和资源的持续开发利用，亟待统筹规划、协同推进，在立足生态系统的整体性和尊重经济发展客观规律的基础上，因地制宜、分类施策，配合本国地理位置及资源禀赋优势，促进相关行业发展，从而缩小区域差异，实现国家各个地区均衡发展。除此之外，建议对接中国"一带一路"倡议，借助自身地理和文化等方面的优势，有方向、有计划地合理规划，调整产业结构，促进人口-资源环境-社会经济协调发展。

表 7-10　乌兹别克斯坦分州资源环境承载力限制因素分析

	限制因素类型	个数	区域名称
单因素	资源环境限制性	4	安集延州、锡尔河州、费尔干纳州、塔什干
双因素	资源环境限制性-社会经济适应性	1	花拉子模州
	人居环境适宜性-资源环境限制性	2	纳曼干州、塔什干州
三因素	人居环境适宜性-资源环境限制性-社会经济适应性	7	卡拉卡尔帕克斯坦共和国、纳沃伊州、苏尔汉河州、布哈拉州、吉扎克州、撒马尔罕州、卡什卡达里亚州

2. 着力解决区域水资源和生态承载力限制性问题，推进水资源节约集约利用，加强区域生态保护修复，进一步提高乌兹别克斯坦不同地区的资源环境承载力

乌兹别克斯坦资源环境承载力总量较强，承载密度较高。土地资源承载力相对较高，生态承载力和水资源承载力相对不足，较低的水资源量和水资源利用效率是乌兹别克斯坦资源环境承载力提升的主要限制因素。研究表明，所有 12 个州、1 个直辖市和 1 个自治共和国的资源环境承载力均或多或少地受到水土资源或生态环境限制（表 7-11）。其中，受到水资源承载力、土地资源承载力或生态承载力单因素限制的有 4 个州，受到双因素

限制的有 6 个州和 1 个自治共和国，受到三因素限制的有 1 个直辖市；受到水资源承载力限制的有 9 个州和 1 个直辖市，受到土地资源承载力限制的是 1 个直辖市和 1 个自治共和国，受到生态承载力限制的是 7 个州和 1 个直辖市；不受任何限制的是 2 个州。

表 7-11　乌兹别克斯坦分州资源环境承载力限制性分类

限制因素类型		个数	区域名称
单因素	水资源限制	3	锡尔河州、吉扎克州、纳沃伊州
	生态承载力限制	1	纳曼干州
双因素	水资源-生态承载力限制	6	苏尔汉河州、撒马尔罕州、花拉子模州、费尔干纳州、安集延州、布哈拉州
	土地资源-水资源限制	1	卡拉卡尔帕克斯坦共和国
三因素	水资源-土地资源-生态承载力限制	1	塔什干
不受限	-	2	塔什干州、卡什卡达里亚州

由此可见，乌兹别克斯坦不同区域的资源环境承载力差异显著，水土资源承载力和生态承载力各异，大多受到水资源和生态承载力双因素制约。乌兹别克斯坦水资源限制主要来自水资源分配不足和水资源利用效率偏低。由于中亚各国对共有资源的依赖程度较高，作为位于下游的内陆国，水资源分配矛盾在乌兹别克斯坦尤为突出，亟待加强国家间在水资源和生态等领域的双边或多边合作，以减轻水量供应不足问题。

此外，在农业和工业中，与水有关的经济活动是乌兹别克斯坦经济的重要组成，由于降雨量不足、低效和过时的灌溉系统共同造成的水资源短缺对基础部门构成严重威胁。因此，推进水资源节约集约利用，加强区域生态保护修复，并考虑长期气候变化和地区经济发展等因素进行水资源调节，以保障资源的合理利用，是进一步提高乌兹别克斯坦不同地区的资源环境承载力的必要途径。

3. 根据资源环境承载力警示性分区合理布局人口，引导人口有序流动，促进乌兹别克斯坦人口分布与资源环境承载力相适应

乌兹别克斯坦资源环境承载力主要受资源环境限制性影响，人居环境适宜性程度和社会经济发展水平进一步强化或弱化了乌兹别克斯坦不同地区的资源环境承载力。乌兹别克斯坦应根据资源环境承载力警示性分区合理布局人口，促进人口分布与资源环境承载力相适应。

乌兹别克斯坦资源环境承载密度东部和南部普遍高于西部地区，承载状态东北部普遍优于其他地区。占地 85.10%、相应人口占 45.58% 的资源环境承载力超载的有 7 个地区，其中 1 个属于资源环境承载力较强地区、4 个属于资源环境承载力中等地区、2 个属于资源环境承载力较弱地区，资源环境限制性较强、社会经济发展较为滞后，人口发展潜力有限；占地 1.93%、相应人口占 11.71% 的资源环境承载力盈余的有 2 个州，人居环境适宜性好、社会经济发展较快；占地 12.97%、相应人口占 42.71% 的资源环境承载力平衡的有 5 个区域，该州人居环境较好、社会经济发展水平相对较快，有一定的人口发展潜力。

　　根据资源环境承载力警示性分区，引导人口由人居环境不适宜地区向适宜地区或临界适宜地区、由资源环境承载力超载地区向盈余地区或平衡地区、由社会经济发展低水平地区向中、高地区有序转移，促进乌兹别克斯坦不同地区的人口分布与资源环境承载力相适应，是引导人口有序流动，促进人口合理布局的长期战略选择。

7.4　本章小结

　　本章系统评估了乌兹别克斯坦资源环境承载力与承载状态，并提出了增强区域资源环境承载力的适应策略与对策建议。乌兹别克斯坦资源环境承载力在 3001.77 万人水平，1/3 以上集中在东部和南部地区；资源环境承载密度均值在 67 人/ km²，东部和南部普遍高于西部地区。资源环境承载力较强的区域有 6 个，中等的区域有 4 个，较弱的区域有 4 个。乌兹别克斯坦资源环境承载力总体处于临界超载的平衡状态，东北部资源环境承载状态普遍优于其他地区，区域人口与资源环境社会经济关系有待协调。乌兹别克斯坦应着力解决区域水资源和生态承载力限制性问题，推进水资源节约集约利用，加强区域生态保护修复，进一步提高乌兹别克斯坦不同地区的资源环境承载力。

第8章　资源环境承载力评价技术规范

为全面反映乌兹别克斯坦资源环境承载力评价研究的技术方法，特编写本章资源环境承载力评价技术规范。技术规范全面、系统地梳理乌兹别克斯坦资源环境承载力评价的研究方法，包括人居环境适宜性评价、土地资源承载力与承载状态评价、水资源承载力与承载状态评价、生态承载力与承载状态评价和资源环境承载综合评价5节，共40条。

8.1　人居环境适宜性评价

第1条　地形起伏度（relief degree of land surface, RDLS）是区域海拔和地表切割程度的综合表征，由平均海拔、相对高差及一定窗口内的平地加和构成，地形起伏度共分五等（表8.1）。计算公式为

$$\text{RDLS} = \frac{\text{LER}_{\text{mean}}}{1000} + \frac{\text{LER}_{\text{range}}}{500} \times \frac{1 - P(A)}{A} \tag{8-1}$$

式中，RDLS为地形起伏度；LER_{mean}为以某一栅格单元为中心一定区域内的平均海拔，m；$\text{LER}_{\text{range}}$是指某一栅格单元为中心一定区域内的最高海拔[Max(H)]与最低海拔[Min(H)]之差，m；$P(A)$为区域内的平地面积（相对高差≤30m），km²；A为某一栅格单元为中心一定区域内的总面积。

第2条　基于地形起伏度的人居环境地形适宜性共分为五级，即不适宜、临界适宜、一般适宜、比较适宜与高度适宜（表8-1）。

表8-1　基于地形起伏度的人居环境地形适宜性分区标准

地形起伏度	人居适宜性	地形起伏度	人居适宜性
0~0.2	高度适宜	3.0~5.0	临界适宜
0.2~1.0	比较适宜	>5.0	不适宜
1.0~3.0	一般适宜		

第3条　温湿指数（temperature-humidity index, THI）：是指区域内气温和相对湿度的乘积，其物理意义是湿度订正以后的温度，综合考虑了温度和相对湿度对人体舒适度的影响，温湿指数共分十等（表8-2）。计算公式为

$$\text{THI} = T - 0.55(1 - f)(T - 58) \tag{8-2}$$

$$T = 1.8t + 32 \tag{8-3}$$

式中，t 为某一评价时段平均温度，℃；T 是华氏温度，℉；f 是某一时段平均空气相对湿度。

表 8-2　人体舒适度与相对湿度的分级标准

温湿指数	感觉程度	温湿指数	感觉程度
≤35	极冷，极不舒适	65～72	暖，舒适
35～45	寒冷，不舒适	72～75	偏热，较舒适
45～55	偏冷，较不舒适	75～77	炎热，较不舒适
55～60	清爽，较舒适	77～80	闷热，不舒适
60～65	凉，非常舒适	＞80	极其闷热，极不舒适

第 4 条　基于温湿指数的人居环境气候适宜性共分为五级，即不适宜、临界适宜、一般适宜、比较适宜与高度适宜（表 8-3）。

表 8-3　基于温湿指数的气候适宜性分区标准

温湿指数	人居适宜性	温湿指数	人居适宜性
≤35，＞80	不适宜	55～60，72～75	比较适宜
35～45，77～80	临界适宜	60～72	高度适宜
45～55，75～77	一般适宜		

第 5 条　水文指数（land surface water abundance index，LSWAI），表征区域水资源丰裕程度，计算公式为

$$\text{LSWAI} = \alpha \times P + \beta \times \text{LSWI} \tag{8-4}$$

$$\text{LSWI} = (\rho_{\text{nir}} - \rho_{\text{swirl}}) / (\rho_{\text{nir}} - \rho_{\text{swirl}}) \tag{8-5}$$

式中，LSWAI 为水文指数；P 为降水量；LSWI 为地表水分指数；α、β 分别为降水量与地表水分指数的权重值，默认情况下各为 0.50；ρ_{nir} 与 ρ_{swirl} 分别为 MODIS 卫星传感器的近红外与短波红外的地表反射率值。LSWI 表征了陆地表层水分的含量，在水域及高覆盖度植被区域 LSWI 较大，在裸露地表及中低覆盖度区域 LSWI 较小。人口相关性分析表明，当降水量超过 1600mm、LSWI 大于 0.70 以后，降水量与 LSWI 的增加对人口的集聚效应未见明显增强。在对降水量与 LSWI 归一化处理过程中，分别取 1600mm 与 0.70 为最高值，高于特征值的分别按特征值计。

第 6 条　基于水文指数的人居环境水文适宜性共分为五级，即不适宜、临界适宜、一般适宜、比较适宜与高度适宜（表 8-4）。

表 8-4　基于水文指数的水文适宜性分区的标准

水文指数	人居适宜性
< 0.05	不适宜
0.05~0.15	临界适宜
0.15~0.25，0.5~0.6	一般适宜
0.25~0.3，0.4~0.5	比较适宜
0.3~0.4，>0.6	高度适宜

注：不同区域水文指数阈值区间需要重新界定。

第 7 条　地被指数（land cover index，LCI），表征研究区的土地利用和土地覆被状况，计算公式为

$$LCI = NDVI \times LC_i \qquad (8\text{-}6)$$

$$NDVI = (\rho_{nir} - \rho_{red}) / (\rho_{nir} - \rho_{red}) \qquad (8\text{-}7)$$

式中，LCI 为地被指数；ρ_{nir} 与 ρ_{red} 分别为 MODIS 卫星传感器的近红外与红波段的地表反射率值；NDVI 为归一化植被指数，LC_i 为各种土地覆被类型的权重，其中 $i(1, 2, 3, \cdots, 10)$ 代表不同土地利用/覆被类型。NDVI 与人口相关性分析表明，当 NDVI 大于 0.80 后，其值的增加对人口的集聚效应未见明显增强。在对 NDVI 归一化处理时，取 0.80 为最高值，高于特征值的按特征值计。

第 8 条　基于地被指数的人居环境地被适宜性共分为五级，即不适宜、临界适宜、一般适宜、比较适宜与高度适宜（表 8-5）。

表 8-5　基于地被指数的地被适宜性分区的标准

地被指数	分区类型	主要土地覆被类型
< 0.02	不适宜	苔原、冰雪、水体、裸地等未利用地
0.02~0.10	临界适宜	灌丛
0.10~0.18	一般适宜	草地
0.18~0.28	比较适宜	森林
> 0.28	高度适宜	不透水层农田

注：不同区域地被指数阈值区间需要重新界定。

第 9 条　人居环境适宜性综合评价。在对人居环境地形、气候、水文与地被等单项评价指标标准化处理的基础上，通过逐一评价各单要素标准化结果与 Landscan 2015 人口分布的相关性，基于地形起伏度、温湿指数、水文指数、地被指数与人口分布的相关系数再计算其权重，并构建综合反映人居环境适宜性特征的人居环境指数（human settlements index，HSI），以定量评价沿线国家和地区人居环境的自然适宜性与限制性。人居环境指数（HSI）计算公式为

$$HSI = \alpha \times RDLS_{Norm} + \beta \times THI_{Norm} + \gamma \times LSWAI_{Norm} + \delta \times LCI_{Norm} \tag{8-8}$$

式中，HSI 为人居环境指数，$RDLS_{Norm}$ 为标准化地形起伏度，THI_{Norm} 为标准化温湿指数，$LSWAI_{Norm}$ 为标准化水文指数（即地表水丰缺指数），LCI_{Norm} 为标准化地被指数，α、β、γ、δ 分别为地形起伏度、温湿指数、水文指数与地被指数对应的权重。

RDLS 标准化公式如下：

$$RDLS_{Norm} = 100 - 100 \times \left(RDLS - RDLS_{min}\right) / \left(RDLS_{max} - RDLS_{min}\right) \tag{8-9}$$

式中，$RDLS_{Norm}$ 为地形起伏度标准化值（取值范围介于 0~100），RDLS 为地形起伏度，$RDLS_{max}$ 为地形起伏度标准化的最大值（即为 5.0），$RDLS_{min}$ 为地形起伏度标准化的最小值（即为 0）。

THI 标准化公式包括式（8-10）与式（8-11）。

$$THI_{Norm1} = 100 \times \left(THI - THI_{min}\right) / \left(THI_{opt} - THI_{min}\right) \quad (THI \leqslant 65) \tag{8-10}$$

$$THI_{Norm2} = 100 - 100 \times \left(THI - THI_{opt}\right) / \left(THI_{max} - THI_{opt}\right) \quad (THI > 65) \tag{8-11}$$

式中，THI_{Norm1}、THI_{Norm2} 分别为 THI 小于等于 65、大于 65 对应的温湿指数标准化值（取值范围介于 0~100），THI 为温湿指数，THI_{min} 为温湿指数标准化的最小值（即为 35），THI_{opt} 为温湿指数标准化的最适宜值（即为 65），THI_{max} 为温湿指数标准化的最大值（即为 80）。

LSWAI 标准化公式如下：

$$LSWAI_{Norm} = 100 \times \left(LSWAI - LSWAI_{min}\right) / \left(LSWAI_{max} - LSWAI_{min}\right) \tag{8-12}$$

式中，$LSWAI_{Norm}$ 为地表水丰缺指数标准化值（取值范围介于 0~100），LSWAI 为地表水丰缺指数，$LSWAI_{max}$ 为地表水丰缺指数标准化的最大值（即为 0.9），$LSWAI_{min}$ 为地表水丰缺指数标准化的最小值（即为 0）。

LCI 标准化公式如下：

$$LCI_{Norm} = 100 \times \left(LCI - LCI_{min}\right) / \left(LCI_{max} - LCI_{min}\right) \tag{8-13}$$

式中，LCI_{Norm} 为地被指数标准化值（取值范围介于 0~100），LCI 为地被指数，LCI_{max} 为地被指数标准化的最大值（即为 0.9），LCI_{min} 为地被指数标准化的最小值（即为 0）。

8.2　土地资源承载力与承载状态评价

第 1 条　土地资源承载力（land carrying capacity，LCC）是在自然生态环境不受危害并维系良好的生态系统前提下，一定地域空间的土地资源所能承载的人口规模或牲畜规模。本书中分为基于人粮平衡的耕地资源承载力（cultivate land carrying capacity，CLCC）和基于当量（热量、蛋白质）平衡的土地资源承载力（equivalent carry capacity，EQCC）。

第 2 条 基于人粮平衡的耕地资源承载力（cultivate land carrying capacity，CLCC）：用一定粮食消费水平下，区域耕地资源所能持续供养的人口规模来度量。计算公式为

$$CLCC = Cl / Gpc \qquad (8\text{-}14)$$

式中，CLCC 为基于人粮平衡的耕地资源现实承载力或耕地资源承载潜力；Cl 为耕地生产力，以粮食产量表征；Gpc 为人均消费标准。

第 3 条 基于当量平衡的土地资源承载力（equivalent carry capacity，EQCC），可分为热量当量承载力（energy carry capacity，EnCC）和蛋白质当量承载力（protein carry capacity，PrCC），可用一定热量和蛋白质摄入水平下，区域粮食和畜产品转换的热量总量和蛋白质总量所能持续供养的人口来度量。

$$EQCC = \begin{cases} EnCC = En / Enpc \\ PrCC = Pr / Prpc \end{cases} \qquad (8\text{-}15)$$

式中，EQCC 为基于当量平衡的土地资源现实承载力或耕地资源承载潜力；可用 EnCC 和 PrCC 表征。EnCC 为基于热量当量平衡的土地资源承载力，En 为耕地资源产品转换为热量总量，Enpc 人均热量摄入标准；PrCC 为基于蛋白质当量平衡的土地资源承载力，Pr 为耕地资源产品转换为蛋白质总量，Prpc 人均蛋白质摄入标准。

第 4 条 土地资源承载指数（land carrying capacity index，LCCI）是指区域人口规模（或人口密度）与土地资源承载力（或承载密度）之比，反映区域土地与人口、牲畜之关系，可分为基于人粮平衡的耕地资源承载指数（cultivate land carrying capacity index，CLCCI）、基于当量平衡的土地资源承载指数（equivalent carry capacity index，EQCCI）。

第 5 条 基于人粮平衡的耕地承载指数：

$$CLCCI = Pa / CLCC \qquad (8\text{-}16)$$

式中，CLCCI 为耕地资源承载指数；CLCC 为耕地资源承载力；Pa 为现实人口数量。

第 6 条 基于当量平衡的土地承载指数（equivalent carry capacity index，EQCCI）又可分为热量当量承载指数（energy carry capacity index，EnCCI）和蛋白质当量承载指数（protein carry capacity index，PrCCI），计算方式为

$$EQCCI = \begin{cases} EnCCI = Pa / EnCC \\ PrCCI = Pa / PrCC \end{cases} \qquad (8\text{-}17)$$

式中，EQCCI 为基于当量平衡的土地承载指数；EnCCI 为热量当量土地承载指数；EnCC 为基于热量当量的土地资源承载力；PrCCI 为蛋白质当量土地承载指数；PrCC 为基于蛋白质当量的土地资源承载力，人；Pa 为现实人口数量，人。

第 7 条 土地资源承载状态反映区域常住人口与可承载人口之间的关系，本书中分为基于人粮平衡的耕地资源承载状态和基于当量平衡的土地资源承载状态。

第 8 条 耕地资源承载状态反映人粮平衡关系状态，依据耕地资源承载指数大小分为三类八个等级（表 8-6）。

表 8-6　耕地资源承载力分级评价的标准

耕地资源承载力		指标
类型	级别	CLCCI
盈余	富富有余	CLCCI≤0.5
盈余	富裕	0.5< CLCCI≤0.75
盈余	盈余	0.75< CLCCI≤0.875
平衡	平衡有余	0.875< CLCCI≤1
平衡	临界超载	1< CLCCI≤1.125
超载	超载	1.125< CLCCI≤1.25
超载	过载	1.25< CLCCI≤1.5
超载	严重超载	CLCCI >1.5

第 9 条　土地资源承载状态反映人地关系状态，依据土地资源承载指数大小分为三类 8 个等级（表 8-7）。

表 8-7　土地资源承载力分级评价的标准

土地资源承载力		指标
类型	级别	EQCCL
盈余	富富有余	EQCCL≤0.5
盈余	富裕	0.5< EQCCL≤0.75
盈余	盈余	0.75< EQCCL≤0.875
平衡	平衡有余	0.875< EQCCL≤1
平衡	临界超载	1< EQCCL≤1.125
超载	超载	1.125< EQCCL≤1.25
超载	过载	1.25< EQCCL≤1.5
超载	严重超载	EQCCL >1.5

第 10 条　膳食营养水平通常用营养素摄取量进行衡量，主要包括热量、蛋白质、脂肪等。营养素含量是指用每一类食物中每一亚类的食物所占比例，乘以各亚类食物在食物营养成分表中的食物营养素含量，所得的和即是每一类食物在某一阶段的营养素含量。

$$C_i = \sum_{j=1}^{n} R_{ij} f_{ij} \qquad (8\text{-}18)$$

式中，C_i 为第 i 类食物的某一营养素含量；R_{ij} 为第 i 类食物的第 j 个品种在第 i 类食物中多占比例；f_{ij} 为第 i 类食物的第 j 个品种在《食物成分表》中的某一营养素含量。

8.3 水资源承载力与承载状态评价

第 1 条 水资源承载力主要反映区域人口与水资源的关系，主要通过人均综合用水量下，区域（流域）水资源所能持续供养的人口规模（人）或承载密度（人/km²）来表达。计算公式为

$$WCC = W / Wpc \qquad (8\text{-}19)$$

式中，WCC 为水资源承载力，人或人/km²；W 为水资源可利用量，m³；Wpc 为人均综合用水量，m³/人。

第 2 条 水资源承载指数是指区域人口规模（或人口密度）与水资源承载力（或承载密度）之比，反映区域水资源与人口之关系。计算公式为

$$WCCI = Pa / WCC \qquad (8\text{-}20)$$

$$Rp = (Pa - WCC) / WCC \times 100\% = (WCCI - 1) \times 100\% \qquad (8\text{-}21)$$

$$Rw = (WCC - Pa) / WCC \times 100\% = (1 - WCCI) \times 100\% \qquad (8\text{-}22)$$

式中：WCCI 为水资源承载指数；WCC 为水资源承载力；Pa 为现实人口数量，人；Rp 为水资源超载率；Rw 为水资源盈余率。

第 3 条 水资源承载力分级标准根据水资源承载指数的大小将水资源承载力划分为水资源盈余、人水平衡和水资源超载三个类型六个级别（表 8-8）。

表 8-8 基于水资源承载指数的水资源承载力评价的标准

水资源承载力		指标	
类型	级别	WCCI	Rp/Rw
水资源盈余	富富有余	<0.6	Rw≥40%
	盈余	0.6～0.8	20%≤Rw<40%
人水平衡	平衡有余	0.8～1.0	0%≤Rw<20%
	临界超载	1.0～1.5	0%≤Rp<50%
水资源超载	超载	1.5～2.0	50%<Rp≤100%
	严重超载	>2.00	Rp>100%

8.4 生态承载力与承载状态评价

第 1 条 生态承载力是指在不损害生态系统生产能力与功能完整性的前提下，生态系统可持续承载具有一定社会经济发展水平的最大人口规模。

第 2 条 生态承载指数是区域人口数量与生态承载力的比值，它是评价生态承载状

态的基本依据。

第 3 条　生态承载状态反映区域常住人口与可承载人口之间的关系。本书中将生态承载状态依据生态承载指数大小分为三类六个等级：富富有余、盈余、平衡有余；临界超载、超载、严重超载。

第 4 条　生态供给是生态系统供给服务的简称。生态供给服务是生态系统服务最重要的组成部分，也是生态系统调节服务、支持服务和文化服务等其他功能和服务的基础。本书采用陆地生态系统净初级生产力（NPP，net primary productivity）作为衡量生态供给的定量化指标。

第 5 条　生态消耗是生态系统供给消耗的简称。生态系统供给消耗是指人类生产、生活对生态系统供给服务的消耗、利用和占用；本书中主要是指农林牧生产活动与城镇、乡村居民生活和家畜养殖对生态资源的消耗。

第 6 条　生态供给量是基于生态系统净初级生产力（NPP）空间栅格数据，进行空间统计加总得到，可衡量一个国家和地区生态系统的总供给能力。计算公式为

$$\text{SNPP} = \sum_{j=1}^{m} \sum_{i=1}^{n} \frac{\text{NPP} \times \gamma}{n} \tag{8-23}$$

式中，SNPP 为可利用生态供给量；NPP 为生态系统净初级生产力；γ 为栅格像元分辨率；n 为数据的年份跨度；m 为区域栅格像元数量。

第 7 条　生态消耗量包括种植业生态消耗量与畜牧与生态消耗量两个部分，用于衡量人类活动对生态系统生态资源的消耗强度。计算公式为

$$\text{CNPP}_{\text{pa}} = \frac{\text{YIE} \times \gamma \times (1 - \text{Mc}) \times \text{Fc}}{\text{HI} \times (1 - \text{WAS})} \tag{8-24}$$

$$\text{CNPP}_{\text{ps}} = \frac{\text{LIV} \times \varepsilon \times \text{GW} \times \text{GD} \times (1 - \text{Mc}) \times \text{Fc}}{\text{HI} \times (1 - \text{WAS})} \tag{8-25}$$

$$\text{CNPP} = \text{CNPP}_{\text{pa}} + \text{CNPP}_{\text{ps}} \tag{8-26}$$

式中，CNPP 为生态消耗量；CNPP_{pa} 为农业生产消耗量；CNPP_{ps} 为畜牧业生产消耗量；YIE 为农作物产量；γ 为折粮系数；Mc 为农作物含水量；HI 为农作物收获指数；WAS 为浪费率；Fc 为生物量与碳含量转换系数；LIV 为牲畜存栏出栏量；ε 为标准羊转换系数；GW 为标准羊日食干草重量；GD 为食草天数。

第 8 条　人均生态消耗标准表示当前社会经济发展水平下，区域人均消耗生态资源的量。计算公式为

$$\text{CNPP}_{\text{st}} = \frac{\text{CNPP}}{\text{POP}} \tag{8-27}$$

式中，CNPP_{st} 表示人均生态消耗标准；CNPP 表示生态消耗量；POP 表示人口数量。

第 9 条　生态承载力表示当前人均生态消耗水平下，生态系统可持续承载的最大人口规模。计算公式为

$$EEC = \frac{SNPP}{CNPP_{st}} \qquad (8\text{-}28)$$

式中，EEC 表示生态承载力；SNPP 表示生态供给量；$CNPP_{st}$ 表示人均生态消耗标准。

第 10 条 生态承载指数用区域人口数量与生态承载力比值表示，作为评价生态承载状态的依据。

$$EEI = \frac{POP}{EEC} \qquad (8\text{-}29)$$

式中，EEI 表示生态承载指数；EEC 表示生态承载力；POP 表示人口数量。

第 11 条 根据生态承载状态分级标准以及生态承载指数，确定评价区域生态承载力所处的状态，生态承载状态分级标准见表 8-9。

表 8-9 生态承载状态分级的标准

生态承载指数	<0.6	0.6~0.8	0.8~1.0	1.0~1.2	1.2~1.4	>1.4
生态承载状态	富富有余	盈余	平衡有余	临界超载	超载	严重超载

第 12 条 基础数据包括：生态系统净初级生产力数据、土地利用变化数据、人口数据、农作物产量数据、牲畜出栏量数据、牲畜出栏量数据、畜牧产品产量数据等。

8.5 资源环境承载力综合评价

资源环境承载力综合评价是识别影响承载力关键因素的基础，旨在为各地区掌握其承载力现状从而提高当地承载力水平提供重要依据。本书基于人居环境指数、资源承载指数和社会经济发展指数，提出了基于三维空间四面体的资源环境承载状态综合评价方法。

第 1 条 资源环境承载综合指数结合了三项综合指数，旨在更全面地衡量区域资源环境的承载状态，其具体公式为

$$RECI = HEI_m \times RCCI \times SDI_m \qquad (8\text{-}30)$$

式中，RECI 为资源环境承载指数；HEI_m 为均值归一化人居环境指数；RCCI 为资源承载指数；SDI_m 为均值归一化社会经济发展指数。

第 2 条 均值归一化人居环境综合指数是地形起伏度、地被指数、水温指数和温湿指数的综合，计算公式为

$$HEI_m = HEI_{one} - k + 1 \qquad (8\text{-}31)$$

$$HEI_v = \frac{(THI \times LSWAI + THI \times LCI + LSWAI \times LCI) \times RDLS}{3} \qquad (8\text{-}32)$$

式中，HEI_m 为进行均值归一化处理之后的人居环境指数；HEI_{one} 为 HEI_v 按式（8-33）进行归一化之后的人居环境指数；k 为基于条件选择的人居环境适宜性分级评价结果中一

般适宜地区 HEI_{one} 的均值；THI、LSWAI、LCI、RDLS 分别为归一化后的温湿指数、水文指数、地被指数和地形起伏度，其中，地形起伏度按式（8-34）进行归一化，其他指数按式（8-33）进行归一化。

归一化方法如下：

$$x_i^* = \frac{x_i - \min(X)}{\max(X) - \min(X)} \tag{8-33}$$

$$x_i^* = \frac{\max(X) - x_i}{\max(X) - \min(X)} \tag{8-34}$$

式中，x_i^* 为变量 x 在区域 i 归一化后的值；x_i 为变量 x 在区域 i 的原始值；X 为变量 x 的集合。

第 3 条　资源承载指数是土地资源承载指数、水资源承载指数和生态承载指数的综合，用来反映区域各类资源的综合承载状态。为了消除指数融合时区域某类资源承载状态过分盈余而对该区域其他类型资源承载状态的信息覆盖，本书利用了双曲正切函数（tanh）对各承载指数的倒数进行了规范化处理，并保留了承载指数为 1 时的实际物理意义（平衡状态）。此外，本书以国际主流的城市化进程三阶段为依据，在不同城市化进程阶段的区域，结合实际情况对三项承载指数赋予了不同权重（表 8-10）。其具体计算方法如下：

$$RCCI = W_L \times LCCI_t + W_W \times WCCI_t + W_E \times ECCI_t \tag{8-35}$$

$$LCCI_t = \tanh(\frac{1}{LCCI}) - \tanh(1) + 1 \tag{8-36}$$

$$WCCI_t = \tanh(\frac{1}{WCCI}) - \tanh(1) + 1 \tag{8-37}$$

$$ECCI_t = \tanh(\frac{1}{ECCI}) - \tanh(1) + 1 \tag{8-38}$$

式中，RCCI 为资源承载指数，LCCI、WCCI、ECCI 分别为土地资源承载指数、水资源承载指数和生态承载指数。

表 8-10　成对比较矩阵

城市化进程阶段	城镇人口占比/%	W_L	W_W	W_E
初期阶段	0～30	0.5	0.3	0.2
加速阶段	30～70	1/3	1/3	1/3
后期阶段	70～100	0.2	0.5	0.3

第 4 条　均值归一化社会经济发展指数是社会经济发展指数的均值归一化处理之后的指数，旨在保留数值为 1 时的物理意义（平衡状态），具体计算公式为

$$SDI_m = SDI_{one} - k + 1 \tag{8-39}$$

式中，SDI_m 为均值归一化社会经济发展指数；SDI_{one} 为归一化后的社会经济发展指数；k 为乌兹别克斯坦全区 SDI_{one} 的均值。

参 考 文 献

陈曦, 马赫穆多夫·伊纳扎. 2019. 乌兹别克斯坦水资源及其利用. 北京: 中国环境出版集团.

樊杰, 王亚飞, 汤青, 等. 2015. 全国资源环境承载能力监测预警(2014 版). 学术思路与总体技术流程, 35(1): 1-10.

封志明. 1990. 区域土地资源承载能力研究模式雏议-以甘肃省定西县为例. 自然资源学报, 5(3): 271-274.

封志明, 刘东, 杨艳昭. 2019. 中国交通通达度评价:从分县到分省. 地理研究, 28(2): 419-429.

封志明, 杨艳昭, 闫慧敏, 等. 2017. 百年来的资源环境承载力研究: 从理论到实践. 资源科学, 39(3): 379-395.

封志明, 游珍, 杨艳昭, 等. 2021. 基于三维四面体模型的西藏资源环境承载力综合评价. 地理学报, 76(03): 645-662.

姑哈尔尼沙·热合曼. 2014. 乌兹别克斯坦转型以来的外国直接投资利用研究. 乌鲁木齐: 新疆师范大学.

国家人口发展战略研究课题组. 2007. 国家人口发展战略研究报告. 人口研究, 3: 4-9.

胡必亮, 冯芃栋. 2020. "一带一路"倡议下的国际区域经济合作机制建设——以中国-乌兹别克斯坦合作为例. 广西师范大学学报(哲学社会科学版), 56(5): 128-146.

李宁, 施惠. 2017. "丝绸之路经济带"视域下中国与乌兹别克斯坦的经济合作研究. 实事求是, (2): 41-46.

李泽红, 董锁成, 李宇, 等. 2013. 武威绿洲农业水足迹变化及其驱动机制研究. 自然资源学报, 28(3): 410-416.

闵庆文, 李云, 成升魁, 等. 2005. 中等城市居民生活消费生态系统占用的比较分析——以泰州、商丘、铜川、锡林郭勒为例. 自然资源学报, 20(2): 286-292.

聂凤英, 张莉. 2018. "一带一路"国家农业发展与合作. 北京: 中国农业科学技术出版社.

孙壮志, 苏畅, 吴宏伟. 2016. 乌兹别克斯坦. 北京: 社会科学文献出版社.

王海燕. 2020. 中亚国家经济新形势、新举措及前景展望. 欧亚经济, (2):82-100+128.

邬波, 葛察忠, 程翠云, 等. 2016. 建设绿色"一带一路"的重要性——以乌兹别克斯坦资源环境特点为例. 环境保护科学, 42(6): 23-28.

肖斌. 2021. 复杂系统下的多中心与中亚经济的依附性增长. 欧亚经济, (5): 23-46+125.

谢高地, 曹淑艳, 鲁春霞. 2011. 中国生态资源承载力研究. 北京: 科学出版社.

谢静. 2014. 上海合作组织成员国环境保护研究. 北京: 社会科学文献出版社.

张宁. 2014. 乌兹别克斯坦宗教管理体制研究. 俄罗斯学刊, 4(2): 72-80.

周建英. 2018. "一带一路"国别概览: 乌兹别克斯坦. 大连: 大连海事大学出版社.

竺可桢. 1964. 论我国气候的几个特点及其与粮食作物生产的关系. 地理学报, 30(1): 1-13.

Assessment M E. 2005. Ecosystems and human well- being: Biodiversity synthesis. World Resources Institute, 42(1): 77-101.

Beck H E, Van Dijk A I J M, Levizzani V, et al. 2017. MSWEP: 3-hourly 0.25° global gridded precipitation (1979–2015) by merging gauge, satellite, and reanalysis data. Hydrology and Earth System Sciences,

21(1): 589-615.

Belmonte U L J, Plaza U J A, Vazquez B D, et al. 2021. Circular economy, degrowth and green growth as pathways for research on sustainable development goals: A global analysis and future agenda. Ecological economics, 185: 107050.

CIESIN (Center For International Earth Science Information Network). 2016. Gridded Population of the World, Version 4 (GPW v4): Administrative Unit Center Points with Population Estimates. https://sedac.ciesin.columbia.edu/data/collection/gpw-v4[2020-09-20].

Falkenmark M. 1989. The Massive Water Scarcity Now Threatening Africa: Why Isn't It Being Addressed? Ambio, 18(2): 112-118.

Gassert F, Luck M, Landis M, et al. 2014. Aqueduct global maps 2.1: Constructing decision-relevant global water risk indicators. Washington, DC: World Resources Institute.

Hafeez M, Chunhui Y, Strohmaier D, et al. 2018. Does finance affect environmental degradation: evidence from One Belt and One Road Initiative region? Environmental Science and Pollution Research, 25(10): 9579-9592.

Imhoff M L, Bounoua L, Ricketts T, et al. 2004. Global patterns in human consumption of net primary production. Nature, 429(24): 870-873.

Lee B X, Kjaerulf F, Turner S, et al. 2016. Transforming our world: implementing the 2030 agenda through sustainable development goal indicators. Journal of Public Health Policy, 37(1): 13-31.

NOAA.2014. Version 4 DMSP-OLS Nighttime Lights Time Series. https://eogdata.mines.edu/products/dmsp/[2020-09-20].

Running S W. 2012. A measurable planetary boundary for the biosphere. Science, 337(6101): 1458-1459.

Shi H, You Z, Feng Z, et al. 2019. Numerical Simulation and Spatial Distribution of Transportation Accessibility in the Regions Involved in the Belt and Road Initiative. Sustainability, 11(22): 6187.

Siebert S, Henrich V, Frenken K, et al. 2013. Update of the Digital Global Map of Irrigation Areas to Version 5. http://www.fao.org/3/I9261EN/i9261en.pdf[2020-09-20].

Wong M C S, Jiang J Y, Liang M, et al. 2017. Global temporal patterns of pancreatic cancer and association with socioeconomic development. Scientific Reports. 7(1): 3165.

Yan J, Jia S, Lv A, et al. 2019. Water resources assessment of China's transboundary river basins using a machine learning approach. Water Resources Research, 55(1): 632-655.

Zhang Y, Yan Z X, Song J X, et al. 2020. Analysis for spatial-temporal matching pattern between water and land resources in Central Asia. Hydrology Research, 51(5): 994-1008.

Zhao Y H, Zhang Y X, Li X D, et al. 2022. Assessment on Land-Water Resources Carrying Capacity of Countries in Central Asia from the Perspective of Self-Supplied Agricultural Products. Land, 11(2): 278.